Couverture inférieure manquante

COMTE DE MARSAY

Une Croisière en Extrême-Orient

PARIS
LIBRAIRIE CH. DELAGRAVE
15, RUE SOUFFLOT, 15
1904
Tous droits réservés

Une Croisière

en

Extrême-Orient

COMTE DE MARSAY

Une Croisière en Extrême-Orient

PARIS
LIBRAIRIE CH. DELAGRAVE
15, RUE SOUFFLOT, 15
1904

Tous droits réservés

A MADAME LA PRINCESSE A. DE B...

Madame,

J'ai accompli, grâce à vous, dans des conditions exceptionnelles, un superbe voyage. Permettez-moi de vous témoigner ma gratitude, faiblement, comme je le puis, en vous dédiant ce livre.

J'ai cédé au plaisir de revivre, au coin de mon feu d'hiver, certains des jours passés dans cet Orient que nous aimons. En relisant quelques feuilles griffonnées au jour le jour, j'ai retrouvé des sensations lointaines, des impressions fugitives, des souvenirs qui lentement s'acheminaient vers l'oubli.

C'est tout cela que j'ai voulu noter. Peut-être y ai-je été malhabile. Peut-être ces pages n'évoquent-elles que pour moi seul les pays que nous avons parcourus ensemble. Du moins — et c'est leur seul mérite, — elles peuvent servir de prétexte à y rêver.

Aussi je m'estimerai satisfait si parfois je vous rappelle, sous notre ciel discret et brumeux, le coloris violent des tropiques, l'étincelante silhouette d'une pagode, les forêts séculaires qui bordent les grands fleuves, un rayon de soleil...

J. M.

Une Croisière en Extrême-Orient

CHAPITRE I

DE TOULON A RANGOON

YACHT *Victoria* [1]

Toulon, 10 octobre 1899.

Il y a quelques semaines, rentrant d'un assez long voyage, j'écrivais à un ami retenu sur des rives lointaines et qui escomptait par avance les plaisirs de la rentrée au pays :

1. Le *Victoria* est un yacht à vapeur de 1.900 tonneaux, marchant à une vitesse moyenne de 11 à 12 nœuds et calant 5^{m},80. Son personnel comprend environ 60 hommes d'équipage, 4 officiers, 1 officier mécanicien, 1 médecin. Loué en Angleterre par le prince et la princesse de B..., il portait en outre comme passagers : le prince R. de B..., la comtesse C. de B..., le baron de N..., MM. G.. et S... et le comte de M... — Parti de Toulon le 10 octobre 1899, le *Victoria* rentra à Marseille le 8 octobre 1900, après avoir visité successivement Aden, Ceylan, les îles Andaman, la Birmanie, l'archipel Mergui, la presqu'île de Malacca, Bornéo, les îles Sulu, les Philippines, Hong-Kong, Fou-Tcheou, le Japon, Vladivostok, la Corée, Port-Arthur, Taku, Shanghaï, le Tonkin, l'Annam, la Cochinchine, Java, l'île Garcia et les Seychelles.

« ... Je ne sais si tu ne te fais pas des illusions sur la joie du retour. Je crois que pour jouir de la vie parisienne il faut en être intoxiqué, comme pour goûter le tabac ou l'opium. Sinon tout vous semble mesquin, puéril, idiot : les choses, les idées et les hommes. Tu auras été habitué à tout voir d'un peu loin, d'un peu haut. Ici on regarde tout au microscope ou avec des verres de couleur.

« ... Et cette grande liberté de la brousse, comme elle vous manque, lorsqu'on l'a une fois connue! Le douanier te guettera à l'arrivée; la santé te fera enrager dans le port; le cocher du premier fiacre que tu prendras t'insultera. Sur tous les murs tu ne verras que des interdictions : défense de passer, défense de marcher, défense de stationner, défense d'afficher, défense de..., etc.! Les sergents de ville te bousculeront, les passants te coudoieront, les camelots t'assourdiront, et mille imbéciles t'intervieweront. Et tu regretteras bientôt les forêts sauvages et les grands espaces, les pays où l'homme est esclave et non citoyen, et jusqu'aux singes assourdissants, qui ont du moins le mérite de n'être pas des hommes. »

C'était bien là, sous une forme un peu paradoxale, l'expression de ma pensée et du dégoût que me faisaient éprouver le factice de la vie sociale et mondaine, le convenu des idées ressassées, des convictions toutes faites, des actes monotones, semblables et prévus. Il me semblait qu'après avoir galopé librement par le monde, j'étais redevenu le cheval de cirque condamné à tourner chaque soir dans le même sens, sur la même piste, devant le même public blasé.

Aussi est-ce avec une joie réelle qu'à peine revenu je me vois reparti, voguant de nouveau vers les contrées ensoleillées, en laissant derrière moi Paris dévasté où se prépare, dans l'activité fiévreuse des grèves, la grande foire de demain. Je me réjouis d'échapper à l'Exposition, aux parties fines dans les restaurants baroques, à la cohue de faux exotiques et de vrais rastaquouères qui vont inonder la capitale. Sans doute nous reviendrons à temps pour assister à la fin de cette kermesse internationale. Et nous pouvons espérer, vers l'époque de la clôture, trouver les préparatifs terminés et voir se dresser, sur les rives de la Seine, toute une ville en simili-pierre, en simili-bois, en simili-bronze, constituant un simili-art dont nous sommes fiers, je ne sais pourquoi.

Il est vrai que, pendant ce temps, préoccupés exclusivement du succès de la fête, nous aurons sans doute accepté quelque autre Fachoda, reculé où tout le monde avance, tendu la joue à de nouveaux soufflets. Mais la France ne s'en apercevra pas, dans le joyeux étourdissement de ses bouis-bouis et de ses danses du ventre. Et nous, qui aurons vu ailleurs la place infime que nous tenons dans le monde, le dédain qu'on professe pour notre puissance; nous qui aurons souffert de l'orgueil méprisant des uns, de la pitié dédaigneuse des autres, si nous venons dire que tout va mal, que nous courons à la décadence et à la ruine, on nous rira au nez en nous répondant par le nombre des entrées à l'Exposition universelle.

Ne jouons donc pas le rôle de Cassandre, puisque, aussi bien, on ne l'écoute jamais. Contentons-nous de jouir des paysages, du soleil et des fleurs, et quand vient la tristesse, laissons-nous bercer par elle au bruit monotone de la mer.

PORT-SAÏD

En quelques jours nous avons traversé cette Méditerranée qui n'a d'égale dans le monde ni pour l'éclat de son ciel, ni pour la transparence de ses eaux, ni pour ses côtes si diverses, verdoyantes, rocheuses ou arides. Ce furent la Corse à peine aperçue un moment dans les brumes du soir, la Sardaigne dénudée et rouge, dont les rochers aux formes sauvages cachent des canons et des forts, le Stromboli fumant dans son bonnet de nuages, la Sicile à qui je jette, chaque fois que je passe près d'elle, un regard d'amoureux, pour ses ruines et ses paysages, pour ses cathédrales gothiques, pour ses fleurs et pour ses temples. Enfin ce fut la Crète, dont nous longeons toute une journée la côte abrupte et stérile, les hautes montagnes où brillent des neiges. Nous voici à Port-Saïd, ville laide et plate, caravansérail de l'Orient, amalgame monstrueux des peuples les plus divers réunis pour toutes les besognes, tous les commerces et tous les vices.

Demain nous serons dans la mer Rouge, nous sentant enfin hors de chez nous, en route pour les pays lointains, respirant dans le vent chaud du désert comme des émanations étranges des contrées barbares qu'il a traversées. Et nous dirons adieu, adieu pour longtemps, à cette Méditerranée délicieuse que nous quittons comme on quitte un ami. N'est-elle pas notre vraie patrie intellectuelle? Ne baigne-t-elle pas du nord au sud, du couchant à l'orient, tout ce que nous aimons avec nos cœurs, avec nos cerveaux ou avec nos sens?

Patrie liquide et changeante, attrayante et parfois cruelle, qui a servi de lien à tous les peuples dont nous descendons, de centre à toutes les idées qui ont formé les nôtres. C'est sur ses bords qu'ont été conçus, c'est bercés sur ses flots que nous sont venus tous nos arts, toutes nos sciences, toutes nos philosophies, toutes nos religions. Par le lointain et constant échange des idées et des races, par un long atavisme d'admirations, de compréhensions et de haines communes, les hommes d'aujourd'hui sont tributaires de tout ce qui s'est dit, fait, écrit, construit ou pensé sur ses rives.

Adieu pourtant à tout cela. Adieu à notre manière de penser, d'admirer, d'aimer. Voguons vers d'autres races, vers des hommes jaunes aux yeux bridés qui ne ressemblent point aux nôtres, qui ont aussi une civilisation, des sciences, des arts, qui nous méprisent, et que nous ne comprendrons jamais.

ADEN

Nous voudrions nous hâter dans cette première partie du voyage, ne pas nous attarder dans des contrées que la plupart d'entre nous connaissent déjà. Force nous est cependant, pour soigner une indisposition, de séjourner quelques jours à Aden.

Tout le monde a lu des descriptions de ce rocher aride où nulle herbe ne pousse, et que brûlent, en toutes saisons, les rayons implacables du soleil. Les Anglais ont pourtant trouvé moyen de s'y installer avec un semblant de confort. Leurs maisons, sur les hauteurs, sont exposées au vent du large qui souffle, quelques heures par jour, au moment du changement de marée. Ils ont un club, au bord de la mer, où on se prélasse le soir dans des rocking-chairs, sur une terrasse, en buvant des sodas glacés. Ils ont des tennis et un polo. Contraints de résider, nous menons la vie de tout le monde. Nous jouons au tennis par une température de 40°, et nous faisons presque chaque jour la promenade en voiture du pays qui consiste à aller près de la ville arabe, aux antiques citernes, là où, dans un recoin de la montagne, pousse un petit arbre rabougri.

Aden renferme une garnison assez considérable. Il paraît que c'est un poste recherché à cause de sa proximité relative d'Europe. Il me semble que, quant à moi, je préférerais les Antipodes. Ici, la terreur des officiers est d'être détachés à Périm. On ne peut se figurer ce que doit être le séjour sur ce rocher solitaire, au milieu des flots de la mer Rouge, sous ce soleil, dans cette lumière aveuglante, avec le vent desséché et brûlant qui vient des déserts africains. Les mêmes troupes n'y restent généralement que trois mois, et c'est déjà beaucoup. On m'a conté cependant, qu'il y a quelques années, l'officier commandant le poste demanda, — à la surprise générale — à y être maintenu. On s'empressa naturellement de faire droit à sa requête. Au bout des trois autres mois, il insista encore pour rester. Cela devenait bizarre, mais faisait en même temps trop de plaisir à d'autrés pour qu'on ne lui accordât pas cette étrange faveur. Comme, à la fin de chaque stage, il écrivait pour demander son maintien, on finit par le laisser commandant de Périm à perpétuité. Ce ne fut qu'au bout de quelques années qu'un général en tournée d'inspection découvrit le pot aux roses. L'officier volontaire n'avait pas mis les pieds à Périm depuis bien des mois. Il vivait tranquillement à Londres, et ne demandait qu'à continuer.

Cette histoire, qui peut être vraie, et qui est sans doute fausse, comme toutes les histoires de ce genre, a du moins, par la facilité avec laquelle on la raconte sans étonnement dans les milieux anglais, le mérite de jeter un certain jour sur ce qu'est l'armée coloniale de la Grande-Bretagne. Je ne crois pas que, chez aucune autre puissance européenne, pareil fait soit, je ne dirai pas vrai, mais possible. Les officiers anglais sont des gentlemen, des hommes de sport, des gens courageux, actifs, distingués. Mais je doute qu'ils possèdent les plus humbles des vertus militaires. Ils considèrent leur métier en amateurs, et, se croyant invincibles, négligent de préparer la victoire. C'est peut-être là que réside en partie la cause des échecs récents si pénibles à l'amour-propre de nos voisins. J'ai toujours cru qu'au fond de la puissance britannique il y avait beaucoup de « bluff », c'est-à-dire la volonté d'en faire accroire et d'intimider les autres par l'affectation d'une confiance illimitée. Mais ce « bluff », par sa durée, est devenu en quelque sorte national ; ceux qu'il trompe le plus sont peut-être aujourd'hui les Anglais eux-mêmes. Les affaires du Transvaal, qui ont dessillé les yeux du monde entier, ont cependant commencé à entr'ouvrir les leurs. Je souhaite que des événements futurs leur fassent perdre encore quelques illusions et diminuent leur orgueil. Ils y gagneront d'être d'une fréquentation politique plus agréable et plus sûre. Et si, par bonheur, ils pouvaient nous passer un peu de la confiance qu'ils ont en trop, il y aurait, dans ce pacifique échange, des avantages pour les deux côtés.

EN MER

Depuis six jours, nous avons quitté Aden; dans quarante-huit heures, nous arriverons à Colombo. Ces longues traversées sont un peu monotones. Je les aime cependant pour le repos qu'elles apportent, pour la grande barrière qu'elles dressent entre le monde et moi. Qui donc, dans les jours de tristesses, de déceptions et de douleurs, quand la vie, où l'on ne découvre plus ni joie ni espérance, pèse sur le cœur comme un fardeau trop lourd, qui donc n'a fait le rêve d'être éternellement bercé sur une mer sans limites, à l'abri des peines comme des plaisirs?

J'aime à me retirer à l'arrière du navire, à l'heure du coucher du soleil, et à laisser mes regards errer sur les flots calmes. Les nuages, bizarrement découpés avec des formes de montagnes ou de monstres, se frangent d'or et de pourpre. Le ciel s'embrase du couchant à l'Orient, et la mer a des reflets étranges, tantôt rouge comme du sang, tantôt si pâle et décolorée qu'elle semble faite de nacre blanche ou d'opales mortes. Je m'étends à demi sur une natte, la pipe aux dents, l'œil dans l'espace. J'oublie l'heure et les choses présentes, le bateau qui me porte, les lieux où je cours. Je deviens immatériel et vague, petit et immense ; je crois faire partie de la mer et du ciel ; et j'ai la sensation de rentrer pour toujours, de m'anéantir et de me perdre, dans cet infini d'où je suis sorti sans le vouloir et où je retournerai malgré moi.

Puis, c'est le soir, très tard, quand les autres passagers sont couchés. La nuit est sombre et pure, sans nuages et sans lune. Des étoiles scintillent dont j'ignore le nom. Le navire glisse sur les flots avec un halètement monotone de grosse bête essoufflée. Sur la moire opaque de la mer le sillage trace une longue frange d'argent. Une brise me frôle, humide et chaude comme la respiration d'un monstre endormi. Et je reste des heures accoudé sur le bastingage, contemplant ce spectacle connu, respirant encore, respirant toujours cet air lourd des nuits tropicales, qui donne, comme l'opium, le sommeil et le rêve.

Ma pensée erre inconsciente et vague des pays dorés de l'Orient aux rivages brumeux du Nord.

Comme en un mirage j'entrevois des arbres verts sur un sol rouge, de minces Cyngalais à la démarche féminine, des Chinois le corps demi-nu qui traînent en courant de petites voitures, des sauvages debout appuyés sur leurs lances au bord d'un grand fleuve aux eaux calmes. — Puis tout se mêle dans mon esprit; l'agitation bruyante, la lumière crue et chaude des rues de Saïgon et de Singapore font place à la demi-teinte triste et pâle de la France en novembre. C'est le boulevard où les réverbères s'allument, où la foule se presse à la devanture éclairée des boutiques. Des voitures passent au grand trot faisant gicler la boue avec leurs roues de caoutchouc. C'est un profil de femme entrevu derrière la glace d'un coupé, vision de fourrures et de fleurs, tandis que résonne à mon oreille le cri spécial des camelots hurlant en courant *Paris-Sport* et les journaux du soir.

Quel bizarre instrument que le cerveau humain! Pourquoi, sous l'influence d'une note de musique, d'une plainte du vent, d'un parfum ou d'une étoile évoque-t-il parfois, avec une vie intense, des choses diverses et lointaines? Quel spectacle égalera jamais, en vérité, celui qu'on se donne à soi-même, lorsque, tout éveillé, l'on rêve!

CEYLAN

Trois ou quatre heures avant d'arriver à Colombo, l'approche de la terre se signale par quelque chose de gris et de vague aperçu très haut au-dessus de l'horizon, au-dessus des nuages, dans le ciel même : c'est le pic d'Adam. Bientôt le rivage se dessine, bas et plat, uniformément garni d'une forêt de cocotiers qui se mirent dans les flots. A perte de vue, aussi loin que peut aller le regard, on voit cette même végétation monotone, d'un vert sombre, qui semble sortir directement de la mer. Et cela, qui n'est pas beau en soi, donne cependant une impression très particulière à ceux qui en ont pour la première fois le spectacle, car cela ne ressemble à aucune de nos côtes d'Europe ou du nord de l'Afrique, à rien de déjà vu. C'est l'entrée dans le monde tropical ; c'est la révélation de ces terres lointaines avec leur végétation spéciale, leur faune et leur flore étranges, leur exubérante vitalité.

Maintenant qu'il me paraît aussi naturel de me promener dans les rues de Colombo que sur le boulevard de la Madeleine, maintenant que je me sens ici chez moi, que je reconnais les marchands parsis qui m'obsèdent de leurs offres de pierres précieuses, les boys des hôtels, les jardins et les arbres, je suis obligé de me reporter en arrière, de songer à mon premier passage dans cette île pour retrouver l'impression évanouie de dépaysement et d'exotisme.

Je crois bien que la sensation qui vous saisit d'abord est celle de cette atmosphère tropicale, lourde, tiède et humide qu'on a justement comparée à une atmosphère de serre chaude. Mais il y a, en plus, les mille parfums de cette terre, l'odeur indigène indéfinissable et obsédante, les relents qui s'exhalent de ce sol toujours mouillé et toujours chaud d'où il monte comme une vapeur, et cet air épais auquel on s'habitue très vite, mais qu'on trouve d'abord irrespirable et inquiétant. Le terrain est rouge, d'un rouge de brique et, les jours de pluie, la boue liquide qui tache les vêtements blancs y laisse des traces presque sanglantes. Sur ce fond d'une couleur violente, les arbres aux grandes feuilles d'un vert sombre se découpent avec dureté, font sous les rayons perpendiculaires du soleil de midi des ombres noires et précises. Et il y a de longues avenues plantées d'arbres géants, de banians, de manguiers, où l'on a l'impression de pénétrer dans quelque église gothique tant, en plein jour, il y fait presque nuit.

Tout cela influe sur l'esprit et sur les sens. On se sent aveuli et lâche, efféminé comme ces minces Cyngalais qui vont par les rues avec leur démarche traînante, leurs grands yeux de gazelles effarouchées. Volontiers on passerait ses jours étendu sur les terrasses du Grand Oriental ou du Galle Face, dans ces confortables fauteuils dont les longs bras servent à étendre les jambes, buvant dans de grands verres couverts de buée des boissons acides et glacées. Partout des pancas que tire quelque boy ou des hélices électriques font passer des courants d'air froid. Le service est fait sans bruit par des gens qui glissent plutôt qu'ils ne marchent, par des boys vêtus de blanc, silencieux et les pieds nus. Et c'est une grande douceur de se laisser vivre sans pensée et sans rêve, comme une plante ou un mollusque, dans ce pays où la vie déborde, où l'on se sent si peu de chose dans l'activité féconde de la nature, dans la lutte éternelle que l'on comprend mieux qu'ailleurs, entre l'amour qui crée aujourd'hui et la mort qui prépare la création de demain.

∴

Colombo est une grande ville construite un peu au hasard et sans plan très déterminé. La partie industrielle et commerciale qui avoisine le port n'offre pas d'intérêt Mais la ville indigène, coupée d'avenues ombreuses et de lacs bordés d'arbres où des gens se baignent tout le jour, est jolie et a du caractère. Dans le voisinage de Cinamon Garden, des villas luxueuses et coquettes, séparées par des jardins, abritent toute la colonie européenne. Il y a là des nids délicieux, perdus dans la verdure et les fleurs, où l'on rêverait de cacher quelque temps, loin du monde, un bonheur ignoré.

Mais le plus joli site de Ceylan, celui où semble s'être concentrée toute la poésie des Tropiques mêlée à de vieux souvenirs, c'est Kandy. En quittant Colombo, la ligne traverse d'abord de grandes plaines cultivées et fertiles. Dans la mer vert pâle des rizières, les bois de cocotiers forment des îles sombres. Puis ce sont des bambous touffus au feuillage clair qui alternent avec des bananiers aux larges feuilles déchiquetées. Bientôt la voie s'élève, commence à gravir les montagnes de l'île.

Le paysage est pittoresque. Le train suit des lacets successifs qui modifient à chaque instant l'aspect. Dans la verdure des pentes boisées, des roches dénudées font de larges taches rouges, tandis qu'au fond de précipices que nous dominons de 500 pieds, paraissent, microscopiques et claires, de petites rizières qui s'y sont nichées. Au loin, par delà les abîmes de lianes et de fougères, par delà les grands arbres des cimes, surgissent des montagnes plus hautes, toutes bleues dans le ciel d'or du couchant. Et je comprends l'enthousiasme que ce trajet a excité chez presque tous ceux qui ont commencé par là leurs pérégrinations dans les contrées tropicales. Je ne lui reproche, quant à moi, que d'être peut-être trop joli, de sembler un peu soigné et modifié par la main de l'homme, de manquer de cette poésie intense et grandiose qu'ont les vierges forêts avec leurs fourrés inextricables, leurs arbres géants couverts de lianes, les bruits sinistres et étranges dont elles retentissent la nuit. Le sifflet du chemin de fer, les sentiers sous les branches, les cabanes et les rizières enlèvent pour moi à ce pays une partie du charme que j'aimerais à y chercher.

KANDY

Que dire de Kandy, si ce n'est qu'il y a un lac dans un creux de montagnes avec des arbres et des petits temples réfléchis par l'onde transparente, et que cela est délicieux? Tout le charme de cet endroit est fait d'une poésie intraduisible, du calme, de la tiédeur de l'air, de la forme des montagnes, de la pureté des eaux. Il n'y a pas de grand spectacle qui vous saisisse et vous surprenne, pas de monuments grandioses, pas de ruines. Mais c'est une harmonie intime de la nature et du ciel, une atmosphère de nonchalance, de repos et de rêve qu'on ressent sans se l'expliquer. Et cette vallée de Kandy restera dans ma mémoire comme le lieu de prédilection où se devrait retirer celui que la vie a lassé ou blessé pour y attendre la mort sans amertume et sans regret.

Il me souvient d'être sorti un soir pour faire à pied le tour du lac. Il n'y avait pas un souffle dans l'air. L'eau était blanche comme du lait, immobile et sans ride. La lune éclairait le ciel d'une lueur si vive qu'il en était lui-même presque lbanc et qu'on n'y voyait nulle étoile. Les grands arbres du bord qui trempent leurs racines dans le lac y projetaient une ombre noire et, quand on sortait de sous leur voûte, on était soudain inondé d'une lumière blafarde et intense qui surprenait. Au pied d'un banian sacré, un bonze debout entretenait un grand feu. Immobile, il me regarda passer, drapé dans sa longue robe jaune qui semblait rouge sous les reflets du brasier. Non loin de là le petit temple très saint qui contient la dent de Bouddha faisait une tache claire parmi les arbres de la rive. Et je compris pour la première fois, sous cette pâle lumière, auprès de cette eau tranquille, dans le silence d'une nuit de cet éternel été, la conception religieuse de ce philosophe qui ne vivait qu'en lui-même, sans que les événements extérieurs pussent l'atteindre ou le toucher. Religion sceptique, sans enthousiasme et sans ardeur, qui convient à ce pays, où il est si aisé de se laisser vivre, et qui ne saurait suffire à nos contrées du Nord, où la lutte est si âpre, où il faut tant travailler pour son bonheur ou son pain.

∴

16 novembre.

Nous avons résolu, deux de mes compagnons et moi, de faire l'ascension du pic d'Adam et de redescendre de là sur Ratnapura. On nous dit que c'est impossible. Nous verrons bien. Munis seulement des bagages strictement nécessaires, nous prenons une voiture à Hatton pour nous rendre à un Rest-House qui se trouve au pied du pic. Le trajet est joli, sur une route tortueuse, parmi les éternelles plantations de thé. Nos chevaux vont uniformément au galop dans les descentes les plus raides comme dans les côtes les plus dures. Un coureur nous accompagne, accroché à la voiture. Dans les instants difficiles, il se jette à la tête des chevaux et les bouscule de toutes ses forces pour les empêcher de tomber dans le précipice et nous avec eux. C'est une délicate attention dont nous lui sommes reconnaissants.

Nous arrivons pour déjeuner au pied du pic. Le temps est magnifique et la montagne dresse dans le ciel bleu son énorme piton conique. La légende bouddhiste, ainsi que la légende mahométane, veut que Ceylan ait été le Paradis Terrestre où nos premiers parents — selon la naïve expression d'une pancarte du Rest-House — « lifed and loved » — vécurent et aimèrent. Chassé, après la faute, des lieux où il avait été heureux, Adam s'arrêta sur ce sommet pour considérer une dernière fois le Paradis Perdu. Et sur ce roc abrupt d'où il dominait l'île entière, le pied de notre premier père laissa une trace profonde que les peuples vénèrent aujourd'hui ; puis tristement il gagna l'Inde par la suite d'écueils qu'on appelle le pont d'Adam. « O fugitives joies de l'Eden chèrement payées par tant de malheurs. » (Milton.)

J'ai vu l'empreinte du pied ancestral. Un petit toit la recouvre et la protège des intempéries. Elle m'a donné une grande idée de ce que devait être la taille de notre aïeul. Je pourrais sans difficulté m'étendre dans son soulier !

A certaines époques de l'année, des milliers de pèlerins, bouddhistes de l'Inde, de la Chine et du Thibet, mahométans, malais, arabes ou persans, grimpent sur cette montagne pour y vénérer l'empreinte sacrée. Ils y trouvent, par un heureux système de compensations, avec le souvenir de la faute originelle, la rémission de leurs fautes passées. Je ne sais si cette grâce s'étend aux chrétiens et si nos péchés nous ont été pardonnés, mais nous l'avons bien mérité.

Après avoir passé toute l'après-midi à réunir des coolies, nous nous mettons en route à deux heures du matin. La première partie de la montée se fait par un excellent sentier au milieu des plantations de thé. Nous avons un clair de lune superbe.

Sur les flancs où notre chemin serpente, on voit de-ci de-là les restes énormes de troncs qu'on n'a pu arracher. On les a coupés à quelques mètres du sol. Et ces souvenirs sont lamentables d'un temps où les pentes du pic sacré étaient couvertes d'arbres vénérables presque aussi antiques que lui. Cependant, deux heures avant d'arriver à la cime, les plantations cessent. Le désordre des grandes forêts reparaît et le sentier rétréci n'est plus qu'un chemin de chèvres parmi les rocs entassés. L'ascension alors devient pénible. Mais aussi quelle récompense! Il est six heures moins un quart quand nous arrivons au sommet. Au-dessous du roc suprême qui porte l'empreinte, se trouve une sorte de plate-forme circulaire de 10 mètres carrés environ et une pagode microscopique et pauvre où vit un bonze. Derrière les hautes chaînes de l'intérieur de l'île, le ciel s'éclaire de reflets jaunes et rouges. Bientôt un premier rayon paraît barrant seul l'espace d'un sillon de feu. Un paysage immense surgit peu à peu de la nuit, dédale compliqué de montagnes et de plaines, de gorges et de vallées. Quelques nuages restés au flanc des monts simulent des rivières qui coulent ou des lacs. Et de cette hauteur l'île semble entièrement boisée, couverte uniformément d'une immense forêt qui tapisse les pentes, les vallons et les cimes.

Le soleil est déjà tout à fait levé quand, faisant le tour de la plate-forme, nous allons regarder de l'autre côté. Ici, par dessus quelques contreforts moins hauts qui s'échelonnent à nos pieds, la riche plaine du rivage apparait avec sa verdure, ses palmiers et ses rizières, et, plus loin encore, dans une demi-teinte sombre d'eau et de brume, c'est l'Océan immense qu'on devine plus qu'on ne le voit et dont les limites imprécises se confondent avec le ciel. Je ne crois pas qu'il m'ait été donné de voir un panorama plus splendide. Longtemps, malgré le froid très vif qui nous saisit, nous restons immobiles et muets devant ce spectacle, regardant diminuer et se raccourcir peu à peu l'ombre portée très nette que le pic projette dans la campagne aux premiers rayons du soleil.

Mais nous avons encore un long chemin à parcourir. Nous avalons une tasse de thé préparée par le bonze et nous nous remettons en route.

La descente de ce côté est encore plus raide que la montée ne l'était de l'autre. Des chaînes ont été fixées dans les flancs de la montagne et on s'en sert pour s'accrocher le long de rochers à pic dans lesquels on a taillé des marches minuscules que les pieds des générations ont usées. Puis c'est la grande forêt avec un sentier toujours fait de rocs éboulés et d'énormes racines. Les jarrets sont brisés par le perpétuel effort auquel les condamnent ces gradins branlants faits pour des géants. Notre guide, qui ne dit pas un mot d'anglais, ignore manifestement le chemin. Tout le jour, nous continuons cette descente, n'ayant pour étancher notre soif que deux bouteilles de bière et quelques noix de coco trouvées enfin dans un village cyngalais. Nous apprenons tardivement que S... s'est égaré de son côté avec tous les bagages et qu'il est resté coucher dans une hutte indigène. N... et moi arrivons enfin à dix heures du soir à Ratnapura, épuisés de fatigue et dévorés par les sangsues qui ont pénétré par tous les interstices de nos vêtements.

RATNAPURA

20 novembre.

Ratnapara est une jolie petite ville, dans un site pittoresque, au bord d'une rivière. Nous y sommes installés depuis quelques jours, partageant notre temps entre le repos et la chasse. Aujourd'hui nous avons été assez loin, dans des plaines inondées, tuer des bécassines. Nous rentrons à la tombée de la nuit. Dans des charrettes minuscules, que trainent des petits bœufs, nous roulons sur la grande route entre deux fourrés de cocotiers, d'aréquiers et d'arbres en fleurs. Ces petits bœufs sont étranges, aimables et drôles, avec une bosse sur les épaules. Le joug n'est fixé par rien. Il repose sur le cou. C'est la bosse qui pousse dans les montées; ce sont les cornes qui retiennent dans les descentes. Et on va comme cela au trot, quelquefois au galop, avec des secousses dont toute la charrette tressaille. Le conducteur, assis sur les brancards, excite sa bête en lui donnant d'incessants coups de pied, et en lui chatouillant la croupe avec la main. Les rizières succèdent aux bois, les bois aux rizières. Des cases sont enfouies sous le feuillage. Des enfants tout nus jouent au bord de la route. Des femmes nous regardent passer avec leurs grands yeux effarouchés, ramenant sur leur poitrine le morceau de linge exigé par la pudeur britannique. Il fait délicieusement doux et tiède. L'air est saturé de parfums, tantôt enivrants, tantôt suffocants et bizarres. La nuit tombe, rapide et sombre, rayée d'éclairs silencieux. C'est quelque orage déchaîné là-bas, au loin, dans la montagne.

Maintenant nous roulons, toujours très vite, dans la nuit. De temps en temps, par l'ouverture d'une maison indigène, un filet de lumière jaillit sur la route. On a la vision rapide de gens accroupis, de femmes attisant un feu sur lequel bout quelque chose, d'enfants assis et jouant. Des lucioles innombrables volent dans les arbres, traversent le chemin, viennent se heurter à nous. C'est, dans la forêt prochaine, l'étincellement d'un million d'étoiles, toujours mobiles, toujours changeantes, s'éteignant sans cesse pour se rallumer encore. Feux follets rasant le sol, se posant sur les branches, rayant en tous sens l'obscurité de la nuit.

Dans les marais, dans les fossés pleins d'eau, dans l'humidité universelle de cette terre, des animaux chantent, cigales, grenouilles ou cri-cri. Parfois le bruit s'apaise, cesse presque, pour repartir soudain avec une vigueur nouvelle si intense qu'il semble que de chaque feuille, de chaque herbe vient un son. Et on cherche quel peut être dans la nature le chef d'orchestre assez habile pour mener, avec un tel ensemble, d'aussi innombrables, d'aussi invisibles musiciens !

Le chemin étant devenu mauvais, il nous faut aller au pas. Des coolies rencontrés, portant des fardeaux sur leur tête, se sont mis à nous suivre à la file. Quelques-uns ont des torches qu'ils agitent dans la nuit. Ils vont silencieux, sans échanger de paroles, sans qu'on entende sur le sol le choc de leurs pieds nus.

Mais nous repartons au galop, et bientôt nous les perdons de vue, entrevoyant seulement, quelques instants encore, à travers les arbres, l'éclat d'une torche qui flambe au vent. De nouveau nous ne sommes plus éclairés que par les lucioles et aussi par les étoiles qui s'allument une à une dans le ciel éclairci.

.·.

Nous sommes rentrés à Colombo où nous restons quelques jours encore, attendant nos autres compagnons qui sont à Nuwara Elliya. Quelle joie de retrouver à bord du yacht la cuisine française après celle des Rest-Houses et des hôtels de Ceylan! Ne plus manger des potages à la colle, des boulettes innomables, des « potatoes » froides avec des plats chauds, et des « chickens » décharnés nageant dans une sauce à la menthe! Nous menons la vie la plus mondaine, prenant part à toutes les réjouissances, nous montrant chaque jour partout où il convient. Du reste, un membre de notre « party » ne peut se promener quelque part dans l'île, sans que les feuilles locales signalent dès le lendemain ce fait à leurs lecteurs.

Nous avons chacun un pousse-pousse au mois, ce qui est presque aussi élégant qu'une « Urbaine » à Paris, mais moins « expensive », comme disent les Anglais. Nous varions nos plaisirs entre une partie au Tennis-Club, une fin de match au Ladies' Golf-Club, un thé au Prince's Club et un billard au Colombo-Club. Cela sans préjudice naturellement d'une promenade matinale à Victoria-Park et d'un tour de valse le soir au Galle Face Hotel. Et nous nous initions à la vie coloniale anglaise, à l'existence saine et intelligemment comprise de tous ces hommes qui, sans que leurs affaires en souffrent, trouvent le moyen de monter à cheval chaque matin, et de faire avant leur dîner quelque sport violent, tennis, cricket ou polo. Les gros planteurs de thé de l'intérieur, qui mènent dans leurs « bungalows » une vie plutôt sévère, viennent ainsi de temps en temps à Colombo se retremper dans le monde. Et l'aspect de la grande salle à manger du Galle Face, aux dîners du samedi, est vraiment élégant avec tous les hommes en habit ou en smoking blanc, les femmes décolletées et les tables couvertes d'hibiscus, où l'on boit les vins de France payés très cher et sans compter.

POINTE-DE-GALLE

30 novembre.

Hier nous avons jeté l'ancre à Pointe-de-Galle sous un déluge. Ce matin, au réveil, nous avons retrouvé la même pluie, qui tombe encore sans discontinuer avec une violence inconnue à nos pays du Nord. Et c'est dommage, car Galle doit être un endroit ravissant quand il fait beau, quand le grand soleil éclaire les cocotiers de la plage et illumine les montagnes qui enserrent la baie.

Dans l'après-midi cependant, une éclaircie étant survenue, nous nous décidons à aller à terre. Galle est une vieille ville. Ce fut un des premiers points occupé dans l'île de Ceylan par les Portugais d'abord, par les Hollandais ensuite. La domination anglaise ne date que de la fin du XVIIIe siècle. D'antiques remparts dominant la mer, des portes larges et sombres, quelques lourds bâtiments, anciens arsenaux sans doute, aux arcades noires et chancelantes, une église en ruine, tels sont les vestiges qui subsistent encore du passage sur cette terre des compagnons de Camoëns. Un cimetière avec des inscriptions à demi effacées sur les dalles, au milieu de ronces et de fougères, est la seule trace que j'aie pu retrouver de l'occupation hollandaise. Les Portugais partagent avec les Espagnols la propriété de laisser une empreinte profonde partout où ils ont séjourné. Les uns comme les autres sèment avec abondance une race de métis qui subsiste pendant des siècles, se rapprochant de plus en plus par l'extérieur de l'indigène pur sang, mais conservant dans son langage, dans sa religion et dans ses mœurs quelque chose de l'origine primitive. J'ai connu ainsi à Colombo un tailleur, d'ailleurs déplorable, qui ressemblait à un Tamil, mais qui se vantait d'être Portugais et de s'appeler da Silva.

Nous errons par les rues boueuses, nous arrêtant de temps en temps devant un marché ou une échoppe. En somme, rien de curieux pour des habitués des pays exotiques. Cependant une maison proprement tenue, entourée de palmiers, attire notre attention. A tout hasard nous entrons et demandons à visiter le jardin. C'est l'habitation d'un riche Cyngalais. Le propriétaire est absent, mais nous sommes reçus par ses filles, ses nièces, toute une maisonnée de jeunes personnes noirâtres, plus ou moins habillées à l'européenne. Tout ce monde parle l'anglais à merveille, et même un peu le français ; on nous offre du thé et des fruits, on nous joue du piano, on nous chante des chansons tamiles avec une petite voix nasillarde et juste. Finalement nous repartons, emportant dans nos bras des cadeaux bizarres : un petit travail en coquillages, une noix de coco sculptée et des brassées de fleurs rouges.

ILES ANDAMAN

14 décembre.

Trois jours d'une navigation cahoteuse et nous voici à Port-Blair. On y parvient par d'étroits bras de mer qui serpentent dans un dédale d'îles entièrement couvertes d'épaisses forêts. Les Anglais sont cantonnés dans un petit îlot, peigné, ratissé, bien tenu, où ils ont des maisons de bois aérées et spacieuses, des tennis et un club. De là ils ne communiquent qu'autant qu'ils le veulent bien avec la grande terre où sont déportés des condamnés indiens et birmans. Les bagnes pour hommes et pour femmes sont proprement et largement installés avec des ateliers de toutes sortes.

Les malfaiteurs les plus dangereux ont des chaînes rivées aux pieds et à la ceinture. Ils ont également accrochée au cou une plaque de bois où sont gravés des numéros dont le premier indique la nature de leur crime. C'est ainsi que j'ai pu constater, dans une excursion où Mme de B... faisait usage d'un palanquin, qu'elle était portée par quatre assassins.

La grande Andaman, qui se trouve en face de Port-Blair, renferme une baie profonde et sinueuse, pénétrant dans l'intérieur des terres avec des aspects de lac. Ce doit être, en même temps qu'une des moins fréquentées, une des plus belles rades du monde. Le voisinage seul des pénitenciers est défriché. Partout ailleurs c'est la grande forêt vierge où errent des sauvages. Le gouverneur ayant mis aimablement à notre disposition une chaloupe à vapeur et un de ses secrétaires, nous visitons tout en détail avec la plus grande facilité.

Dans un recoin de la baie, un peu de fumée qui monte entre les arbres et quelques pirogues échouées sur le sable nous signalent un campement de naturels. Nous abordons. Ces indigènes sont tout petits et noirs; ils s'enduisent le corps de couches graisseuses de différentes couleurs. Les femmes n'ont pour costume qu'une ceinture en écorce avec un bouquet de feuilles dans..... le dos. Les hommes ont moins encore, c'est-à-dire rien du tout. Nous leur achetons des arcs et des flèches dont ils se servent d'ailleurs avec une extrême adresse. Nous nous procurons aussi quelques costumes complets pour dames. Ce n'est pas encombrant à rapporter. Ces braves gens sont, paraît-il, anthropophages. Les Anglais s'en réjouissent, car lorsqu'un de leurs prisonniers s'échappe, il est certain de tomber dans la marmite d'un sauvage. Aussi les évasions sont-elles excessivement rares. Ces geôliers-là sont vigilants et ne coûtent rien.

Quand les indigènes sont en deuil, ils se teignent plus ou moins le corps en blanc selon le degré de parenté. On nous signale une dame complètement peinturlurée comme si elle avait pris un bain de céruse. C'est une veuve qui a perdu son mari l'autre semaine. Le pauvre homme est actuellement suspendu à un arbre du rivage. On attend que les corbeaux et les fourmis aient complètement nettoyé son squelette. Quand l'opération sera parfaite, la femme prendra ses ossements pour s'en faire des bracelets et portera son crâne en sautoir pour y mettre son tabac. En attendant, remplie de la philosophie des races primitives, elle fume sa pipe avec tranquillité.

Le gouverneur a organisé en notre honneur une « large party » à laquelle sont conviés les officiers, les fonctionnaires et leurs femmes, toute une petite colonie peu habituée à recevoir des visites dans leur vie de Robinsons. Nous nous embarquons dans des chaloupes et des canots avec une escorte de cipayes. D'abord on remonte des cours d'eau ombreux où de grands oiseaux s'envolent à notre approche ; puis, par des sentiers de montagne, au milieu de la belle végétation tropicale, nous arrivons à un site sauvage où un lunch est préparé. Et l'on sable gaîment le champagne, devant la nature vierge, à l'ombre des grands arbres, pendant que les éléphants porteurs, maintenant au repos, dodelinent de la trompe, et nous considèrent avec curiosité de leurs petits yeux clignotants.

CHAPITRE II

BIRMANIE

Rangoon est situé à une trentaine de milles de la mer sur une rivière qui communique avec une des bouches de l'Irawady. C'est une situation analogue à celle de Saïgon. Analogue aussi est le pays, formé d'alluvions du grand fleuve, plat et monotone, couvert de rizières avec des palétuviers le long des cours d'eau. Parfois dans cette plaine rase un monticule s'élève, reste d'un îlot jadis battu par les flots. Au milieu des arbres qui le couvrent, une pagode se dresse avec son dôme en forme de cloche et ses hampes dorées où se balancent de longues bandes d'étoffe qui portent des invocations à Bouddha. Le vent les agite et fait monter ainsi, au dire des bonzes, d'incessantes prières vers le Créateur.

Dès qu'on aborde dans ce pays, un trait caractéristique vous frappe tout d'abord : c'est le nombre incroyable de pagodes qui couvrent son sol, répandues dans les villes et les campagnes, couronnant les mamelons, jalonnant le sommet des montagnes, surgissant, comme poussées par une force naturelle, dans les forêts et au bord des fleuves.

Quoique différent à l'infini par la nature des matériaux dont ils sont construits, par les ornements qui les couvrent, par leur position et leur grandeur, tous ces temples ont une disposition commune qui consiste dans un monument central très élevé, en forme de cloche, terminé par un pilon ouvragé. Le tout est généralement doré ou blanchi à la chaux. Cela s'appelle une dagoba et est censé renfermer des reliques insignes de Bouddha, de Gaudama, ou de quelque grand saint. Autour de la masse centrale se trouve une large promenade circulaire, entourée d'une foule de petites chapelles, en bois ou en pierre, dorées ou peintes, où des Bouddhas de différentes sortes attendent les clients. Ces derniers sont nombreux. Les yeux fixés sur l'idole, ils prient avec les marques de la dévotion la plus profonde ; des hommes sont penchés, le front sur les dalles, et des femmes assises sur leurs talons, élèvent vers le ciel, dans une attitude charmante, leurs mains jointes qui portent des branches de mimosa.

On reste confondu devant ces marques de piété et de foi, les mêmes en somme chez tous les croyants, qu'ils soient dévoués à Bouddha, à Mahomet ou à Jésus. On se demande si Dieu ne voit point du même regard de favorable pitié tous ces fronts inclinés vers la même poussière, tous ces cœurs qui souffrent des mêmes tristesses, gémissent des mêmes maux, aspirent aux mêmes joies, toutes ces bouches qui l'implorent sous des noms différents dans toutes les langues de la terre. On sent que la seule grande erreur, c'est l'orgueil humain, appuyant ses négations sur sa médiocre science, sa lamentable philosophie, sa chancelante raison, et que la grande vérité universelle est dans l'humilité des âmes confessant leur faiblesse, demandant au Dieu qu'elles ignorent de les prendre en pitié. Pour moi je ne puis douter que l'Etre Suprême voie avec indulgence cette religion si douce, toute de philosophie et de rêve, dont les prescriptions ne sont que des conseils, et dont l'idéal est le repos. Religion vieille et un peu sceptique de peuples qui, à force de vivre, ont perdu beaucoup d'illusions et beaucoup d'espoirs, et qui, à contempler les douleurs d'ici-bas, se sont mis à douter du bonheur éternel. Et regardant passer près de moi un vieux bonze vêtu de jaune, dont le crâne rasé reluit au soleil, je me prends à souhaiter qu'il me pût communiquer une part de sa paisible foi satisfaite de si peu de chose dans l'avenir comme dans le présent.

Rangoon est une grande cité moderne. Les rues, larges et alignées au cordeau, ont une régularité toute britannique. Mais quelque anglaise que soit la ville, elle n'en possède pas moins un cachet original qui lui vient de cette foule birmane, toujours grouillante et toujours gaie, où les hommes sont vêtus de couleurs claires, d'écharpes de soie rose, jaune ou bleue, où les femmes se promènent gravement, la figure maquillée, les sourcils marqués au pinceau, les cheveux relevés à la chinoise, en fumant avec gourmandise d'énormes cigarettes enveloppées de feuilles vertes. Tous ces gens ont pris l'habitude des choses d'Occident qui leur paraissent confortables. Les riches marchands birmans ont leur coupé traîné de deux poneys avec un domestique debout par derrière. Le peuple circule en fiacre ou en tramway, ôtant respectueusement ses babouches pour monter en voiture. L'aspect général est poli et aimable. Les femmes sont souvent jolies et paraissent coquettes. Elles quêtent les regards des hommes et portent dans leur belle chevelure noire des grappes de fleurs qui pendent de côté au-dessus de l'oreille.

Les Birmans aiment beaucoup le théâtre. Il y en a plusieurs à Rangoon, qui donnent chaque nuit d'interminables représentations. Le spectacle consiste en longs discours et en danses qui nous ont paru assez dénuées de grâce. Quant à démêler le fil de la pièce, il n'y faut point songer. Le public assis par terre apporte tout ce qui lui est nécessaire pour manger et même pour dormir. C'est à cette dernière solution que je me serais immanquablement rallié si notre présence au théâtre s'était un tant soit peu prolongée.

L'inspection des monuments se réduit tout naturellement, en Birmanie, à la visite des pagodes. La plus belle pagode de Rangoon est bâtie sur une montagne, aux portes de la ville, au-dessus de deux petits bois qui lui font un jolie perspective de jardins anglais bien tenus. C'est un monument vénéré, remontant, dit-on, à la plus haute antiquité, quelque chose comme quinze siècles avant Jésus-Christ. Mais les perturbations de toutes sortes, les révolutions et les guerres, l'ont plus d'une fois détruit. Tel qu'il est, ce temple date seulement de quatre cents ans. La Dagoba centrale, entièrement dorée, est surmontée d'un clocheton d'or massif, qui étincelle à plus de 100 mètres de hauteur. Tout autour est une immense esplanade, encombrée de petites chapelles et de petits temples, de maisons en bois sculpté pour les prêtres, d'abris protecteurs pour les énormes cloches sacrées. Des arbres séculaires poussent entre les dalles qu'ils disjoignent et versent sur les fidèles leur ombre bienfaisante. On fait de tout dans ce sanctuaire : on prie, on dort, on mange et on joue au ballon. On y parvient par un long escalier couvert aux marches glissantes et vermoulues, qui contient de chaque côté d'innombrables échoppes où se vendent des objets de piété, des cierges, des fleurs sacrées, des bâtonnets d'encens, et aussi des gongs, des joujoux grossiers, des soies birmanes et des serviettes anglaises. Nous y rencontrons de longues files de pèlerins, des petites femmes qui fument et qui sourient, et de nombreux mendiants qui nous poursuivent de leurs demandes et de leurs plaintes.

MANDALAY

Il faut dix-neuf heures de chemin de fer pour se rendre de Rangoon à Mandalay. Heureusement on passe la majeure partie de ce temps à dormir dans des wagons confortables et bien aménagés pour la nuit. Le trajet en lui-même, dans une vallée éternellement plate, est peu intéressant. Il n'en est pas de même de Mandalay, capitale des souverains birmans, où le dernier d'entre eux régnait encore, il y a vingt ans. Au centre se trouve une immense enceinte entourée d'un mur crénelé et de fossés pleins d'eau larges de 60 mètres. C'était la cité royale où le monarque avait ses palais, ses temples, ses courtisans et ses soldats. Tout autour se trouve la ville proprement dite, faite de grandes avenues plantées d'arbres, se coupant à angles droits, et allant, pour ainsi dire, indéfiniment dans la campagne. Cette grande agglomération de 200.000 habitants n'a presque pas l'air d'une ville. Les maisons y sont cachées sous les arbres. On dirait des routes dans une forêt. L'ancienne citadelle royale est maintenant occupée par la population anglaise. Le gouverneur est logé dans une partie du palais; le télégraphe est dans la salle du trône, et le club dans les appartements de la reine.

Mandalay n'est pas une très ancienne cité. Il y a un peu plus d'un siècle, la capitale s'appelait Amarapura et était située à quelques kilomètres au sud de la ville actuelle. C'est maintenant un immense amas de ruines bordant le grand fleuve dans la jungle et dans la forêt. On s'y sent ému par cette sorte d'attrait qu'excite toujours l'évocation d'un mystérieux passé. Cela est loin cependant des splendeurs d'Angkor. Ces monuments birmans, de brique et de plâtre, ne sont point bâtis pour l'éternité. Mais on n'en a pas moins l'esprit saisi par la vue de ces ruines innombrables poussant — si je peux m'exprimer ainsi — à même la brousse, par ces débris enfouis sous les grands arbres, par ces statues de marbre toutes blanches encore sous les lianes qui les recouvrent. Dieux anciens, dieux endormis, offrant un étrange symbole de la doctrine du Nirvanah éternel, et devant qui on trouve parfois quelques fleurs fanées, quelques bâtons d'encens à demi consumés, offrande pieuse que fit en passant un adorateur inconnu.

Il y a cent cinquante ans, Amarapura était dans toute sa splendeur; le roi y avait sa cour, riche alors et fastueuse; des bonzes emplissaient ses temples; des éléphants caparaçonnés d'or, des bayadères aux somptueux costumes, des marchands venus avec leurs caravanes du Thibet ou de la Chine, parcouraient ses rues, ses places et ses bazars. Puis, un jour, un caprice du souverain décréta l'abandon de la ville. Et le peuple docile, abandonnant son foyer et ses dieux, alla un peu plus loin planter ses pénates, construire de nouvelles maisons, de nouveaux palais et de nouveaux temples. Coutume bizarre dont on trouve de nombreuses traces sur tout le territoire birman et qui devait avoir son origine dans quelque superstition. Je me souviens d'avoir constaté des faits analogues, sur une plus petite échelle, chez les sauvages du Laos. Une épidémie se déclare-t-elle dans une tribu, une guerre a-t-elle une issue malheureuse, une récolte est-elle dévastée par la pluie ou emportée par l'ouragan, le village est aussitôt abandonné et reconstruit ailleurs, fortifié de nouvelles palissades, entouré de nouveaux champs. Et on rencontre ainsi, dans toute la chaîne qui sépare le Laos de l'Annam, des quantités de villages abandonnés et déserts où il m'est arrivé parfois de chercher un abri.

Plus encore que Rangoon, Mandalay est la ville des pagodes. Il y en a des centaines, peut-être des milliers. L'une d'elles, qui occupe un énorme espace, comprend, outre la dagoba centrale, quatre cent cinquante chapelles séparées, toutes semblables, symétriquement rangées autour d'elle. Et on dirait, quand on les contemple de haut, une forêt de pierre, s'étendant au loin. Mais, parmi tous les sanctuaires que j'ai visités à Mandalay et qui sont, pour la plupart, intéressants à différents titres, il en est un qui est une merveille : c'est la pagode de la reine. Les voyageurs qui la voudront voir devront se hâter. Elle est fragile et s'effrite déjà sous la pluie et le vent. Il semble que la souveraine qui l'a édifiée avait le sentiment de sa déchéance prochaine. A quoi bon bâtir pour l'avenir, quand soi-même on va périr, quand il ne restera rien de votre puissance et de votre dynastie, de vos croyances, de tout ce que vous avez aimé? Aussi hâtivement se fit-elle faire un bijou en bois sculpté, chef-d'œuvre de délicatesse et de grâce, trace passagère de son règne, dernier hochet de sa royauté. Cette pagode est si légère qu'il semble qu'elle sera emportée au premier orage. A la partie centrale, neuf toits de moins en moins larges se surmontent les uns les autres pour finir à une grande hauteur par une pointe effilée. Deux édifices analogues et moins élevés forment les parties latérales. Une galerie circulaire avec un balcon sculpté fait le tour du monument qui est supporté par de minces colonnes, simples troncs d'arbres plantés en terre. Pas un pouce de ce bois qui ne soit ajouré comme une dentelle, ciselé comme un bijou. Les colonnes sont peintes rouge ; les bois différents donnent des teintes différentes et les toits sont en or. Tout cela est aérien et léger. L'air y circule, le soleil s'y joue, produit des effets d'ombre qui contrastent avec des éclats aveuglants. Et vraiment cette pagode semble être une gageure ou un rêve, le rêve d'une jolie femme qui a voulu laisser pour quelque temps après elle, dans un monument périssable, un reflet de sa grâce et de sa beauté.

HAUTE-BIRMANIE — BHAMO

Sur un steamer de la Compagnie fluviale loué à cet effet, nous remontons l'Irawady jusqu'à Bhamo. On ne peut naviguer que le jour. Chaque soir, on mouille près d'une des berges du fleuve pour repartir le lendemain dans la matinée. Nous profitons de ces haltes pour descendre à terre avec nos fusils et poursuivre dans les forêts, les marais ou les grandes herbes, des animaux divers, canards et oies sauvages, coqs de jungle, cerfs et parfois éléphants. Le paysage est joli, mais un peu monotone. A noter cependant, avant d'arriver à Bhamo, des gorges étroites où l'Irawady coule entre des rochers à pic que couronnent d'antiques forêts. L'aspect de ce paysage est grandiose et presque sinistre. Mais cela dure peu. De nouveau les rives s'abaissent. Les plaines s'étendent jusqu'aux montagnes bleuâtres qui, à droite et à gauche, limitent la vue. Le fleuve s'élargit, se hérisse de bancs de sable où l'on s'échoue parfois. Enfin, voici une petite ville entourée d'un désert inculte où campent des caravanes : c'est Bhamo.

Bhamo, qui est le point extrême où peuvent parvenir les bateaux fluviaux en cette saison, est le grand marché d'échange entre la Birmanie, la Chine et le Thibet. C'est là que viennent converger les caravanes qui arrivent des provinces les plus reculées du Céleste Empire. Rien de plus pittoresque que de voir dans la plaine ces agglomérations d'hommes de races diverses, rangeant en ordre leurs ballots, entravant les milliers de chevaux et de mules qui servent à transporter les marchandises, faisant leur cuisine et soupant autour de grands feux. Tous sont armés jusqu'aux dents, portent à la ceinture de grands sabres recourbés, tiennent à la main un bâton ou une lance. Ce sont des Chinois des provinces du centre, vêtus de calicot bleu et coiffés d'une calotte noire avec houpette rouge, des Thibétains aux fourrures sordides, des Shans à la gibecière rouge et au grand turban noir. Bhamo est du reste bien plus chinois que birman. La population y est composée en majeure partie de commerçants du Yunnam ou de Shans, sorte de race intermédiaire dont certaines tribus encore sauvages vivent inexpugnables dans les montagnes où elles rançonnent les caravanes.

Bhamo serait un lieu de délices pour un anthropologiste. Mais aucun de nous n'étant versé dans cette science, nous repartons au bout de deux jours pour redescendre le fleuve, dépasser cette fois Mandalay et parvenir à Prôme, d'où nous reprendrons le chemin de fer pour Rangoon. Il y a entre Mandalay et Prôme un endroit fort intéressant à visiter qu'on appelle Pagan. Là s'élevait, il y a bien des siècles, longtemps avant Amarapura, la capitale du royaume birman. C'était une ville immense mesurant 15 kilomètres de long sur 8 de large, comme il est facile de le reconnaître par les traces de ses vieilles murailles encore debout par endroits. On est peu fixé sur l'histoire de cette cité qui florissait il y a mille ans. On ignore à la suite de quelles guerres ou de quelles révolutions elle fut désertée et détruite. Toujours est-il qu'à l'heure actuelle une jungle basse et rabougrie, des arbustes épineux et des cactus y poussent seuls en liberté. Quelques pauvres villages, échelonnés au bord du fleuve, sont tout ce qui demeure de la population d'autrefois. Mais des restes imposants sont encore debout pour témoigner de la splendeur passée. Un millier de dômes et de pagodes, des bouddhas monstrueux, des clochetons qui s'effritent, hérissent le sol à perte de vue. Parmi des débris presque informes, quelques temples entretenus par la piété des fidèles sont encore en bon état. Ce sont d'énormes monuments, sculptés sur toutes leurs faces, et contenant, sous les profondeurs de leurs voûtes, de gigantesques Bouddhas. On parvient au sommet de leurs dômes par des escaliers étroits aux marches faites pour des géants. Mais on est dédommagé de la fatigue du pèlerinage par une vue magnifique sur toute cette plaine ruinée, sur ces innombrables vestiges d'une grandeur inconnue dont l'histoire ne revivra pas.

.·.

Prôme, où nous quittons notre petit navire, est une grande ville située dans un joli site, au bord du fleuve. Elle est dominée par une colline où se dresse une grande pagode dorée, ornée comme toujours de Bouddhas de toutes sortes et de charmantes sculptures sur bois. On y a une vue ravissante sur la campagne environnante, sur l'Irawady qui coule dans le lointain, au pied de montagnes rouges, sur la ville qui disparait presque dans la végétation comme dans un immense jardin.

Après une nuit de chemin de fer où les cris du peuple dans les gares nous interdisent tout sommeil, nous voici de rechef à Rangoon, retrouvant — comme toujours après une absence un peu longue — notre « chez nous » avec plaisir. Tandis que nous reprenons la mer, je me prélasse dans ma cabine, qui commence à prendre son cachet personnel, grâce à quelques achats et à quelques larcins dans les ruines. J'aime à y passer une partie du jour tant que je n'en suis pas chassé par l'obligation de chercher sur le pont, à défaut de fraicheur, un peu d'air renouvelé et de vent qui passe. — Les murs de mon home sont tapissés de choses diverses et bizarres. Des flacons de toilette pendent dans des enveloppes de toile. Une étagère porte des livres où Musset coudoie Lamartine, Balzac, Chateaubriand, Baudelaire. Joseph de Maistre y fraye avec Renan. Des armes sont accrochées de tous côtés, fusils de chasse et revolvers d'ordonnance, sabres shans, flèches sauvages, kriss malais, arcs et lances. Des pipes chinoises s'y dissimulent derrière des soies birmanes, non loin d'un parapluie acheté aux Trois-Quartiers. Dans un coin, un Bouddha de marbre songe au Nirvanah éternel, et un petit bonze en bois sculpté, assis sur une boîte de cigares, regarde pieusement le ciel.

MAULMEIN

14 janvier 1900.

A deux heures de l'après-midi, nous arrivons à Maulmein. La ville est située sur le Salwein à peu près à la même distance de la mer que Rangoon. Mais la rivière, encombrée d'îles couvertes de forêts, avec des rives ombreuses et des montagnes qui ferment l'horizon, est bien plus pittoresque que le bas Irawady.

Maulmein s'étend au bord de la rivière jusqu'à son confluent avec le Galeï. Comme d'ordinaire, cette grande ville de 40.000 habitants est à peine visible, perdue qu'elle est dans la végétation et les jardins. Une ligne de collines élevées, parallèle au fleuve, la divise en deux parties. Sur les deux sommets principaux de grandes pagodes s'élèvent, dressant dans le ciel leurs dômes d'or. On a, de ces points dominants, une vue étendue et superbe sur la nappe étincelante du fleuve dont le cours sinueux est difficile à démêler au milieu des îles verdoyantes dont il est semé. En face, c'est la vieille ville de Martaban, antique cité aujourd'hui déchue, mais que jalonnent, au-dessus du feuillage, les flèches dorées de ses temples.

Tandis que nous errons dans les bazars et les échoppes, des musiques, des tam-tams, des clameurs, nous attirent vers une bonzerie. Dans un grand enclos planté d'arbres, une foule se presse, présentant cet admirable effet de couleur des foules de ce pays, ce merveilleux enchevêtrement des turbans et des jupes, des soies qui flottent en draperies ou en écharpes, avec leurs tons clairs, rose, vert pâle, orange, jaune, saumon. Cette foule est en liesse. Aux sons d'une musique bizarre, des danseuses s'agitent vêtues d'oripeaux éclatants. Des bonzes circulent paisibles, habillés de jaune, la tête rasée. Quelques-uns d'entre eux, derrière une ficelle, barrière morale, gardent les offrandes qu'on leur a faites, paquets de fruits et de victuailles, légumes frais, boîtes de conserves, bouteilles de vin, bidons de pétrole. Au milieu du jardin s'élève un édifice provisoire en bambou revêtu de papiers peints qui représentent des mystères bouddhistes. Au moyen de toute une machinerie de corde, un grand char attelé de quatre chevaux de bois peut, à travers les airs, parvenir au sommet de cet étrange monument.

Nous nous avançons vers un coin où la foule est plus pressée et plus bruyante : une douzaine d'hommes, portant sur leurs épaules une grande boite d'argent, dansent une danse bizarre, semblent surtout obéir à la préoccupation de secouer le plus possible la boite et son contenu. Mais une horde de femmes se précipite. Un combat s'engage au milieu des cris et des éclats de rire. Force reste au beau sexe. Et les voilà parties à travers les jardins, gambadant et chantant, et toujours secouant sur leurs épaules la lourde caisse qu'elles ont enlevée. Nous demandons ce que peut contenir ce reliquaire et d'où vient toute cette joie. Oh ! mon Dieu ! c'est bien simple. L'évêque des bonzes est mort ces jours-ci. Ce soir, on va placer son corps sur le sommet de l'édifice en bambou, et on brûlera le tout. Et ce que l'on secoue dans cette boite, ce qui fait, au milieu de la foule, des processions bruyantes, ce qu'on agite sans cesse sur les épaules d'hommes qui dansent ou de femmes qui rient, c'est le corps du vénérable prélat dont l'âme est partie retrouver Bouddha. — Pauvre vieux bonze qui avait mené, sans doute, une existence de privations et de prières, vivant d'aumônes, loin des femmes, dont l'écartait la chasteté sacerdotale, il aura eu, du moins, des obsèques animées et une carburation pleine de gaité.

Près de Maulmein, dans des rochers abrupts qui dominent la plaine, se trouvent en divers endroits des grottes naturelles, temples des anciens jours encore en vénération aujourd'hui. De vieux Bouddhas de pierre ou de brique, quelques bas-reliefs naïfs taillés à même le roc, et beaucoup de chauves-souris, voilà à peu près tout ce que le visiteur peut admirer maintenant dans ces saints lieux.

CHAPITRE III

DE MAULMEIN A SINGAPORE

16 janvier.

Ce matin nous sommes passés près de l'île de Tavoï, dans le détroit qui le sépare de la côte. C'est une terre montagneuse aux cimes élevées qui se perdent dans les nuages. Des forêts magnifiques couvrent les pentes, viennent baigner jusque dans la mer. Un enchevêtrement de gorges et de crêtes, de baies et de caps, donne à cette terre un cachet pittoresque. Une infinité de petits ilots, rochers verdoyants tombés dans l'Océan, lui font une ceinture attrayante de montagnes en miniature et de détroits ombreux.

A deux heures, nous mouillons devant Mergui. Une heure et demie de steam-launch nous est nécessaire pour atteindre le petit port dont nous sommes distants de 6 milles et repoussés par un fort courant. Mergui est une ville de 15.000 habitants bâtie tout le long de la mer. Les maisons, construites sur pilotis, semblent flotter à marée haute. La population est un mélange de Birmans, de Malais et de Chinois. Les pagodes birmanes occupent, comme toujours, les hauteurs, tandis que les temples chinois aux idoles monstrueuses et grimaçantes sont réunis au bord des flots. — Il n'y a guère d'Européens à Mergui, et aucun grand bateau ne s'y arrête. Le gouverneur anglais, complètement ahuri de notre visite, ne sait auquel entendre. Il se demande s'il doit nous rendre des honneurs ou nous confier à la police. Nous lui évitons la peine de prendre une décision en nous rembarquant.

*
* *

18 janvier.

Aujourd'hui nous naviguons parmi les îles innombrables de l'archipel Mergui, comme dans une succession de lacs dont on ne quitte l'un que pour pénétrer dans un autre. La mer n'a pas une ride. Elle est déserte aussi. On n'y voit ni un navire ni une barque. Les grands bois qui couvrent toutes ces côtes restent silencieux. Des sauvages y habitent cependant. Ils vivent de pêche et sont fort craintifs. Nous en avons vu à Mergui quelques spécimens un peu frottés de civilisation. Quant à ceux de la région que nous parcourons, ils se sauvent sans doute bien vite et se cachent dès qu'ils aperçoivent ce grand navire inconnu, dont les intentions doivent leur sembler suspectes. Nous mouillons, le soir, aux îles Christmas.

∴

19 janvier.

Toujours même navigation. Vers quatre heures, l'ancre est jetée dans une petite crique de l'île Sullivian. Vite un canot à la mer. Puis, descendant tous à terre avec des fusils et des haches pour frayer notre passage dans la forêt, nous débarquons sur le sable à l'embouchure d'un petit cours d'eau. La grande forêt inviolée, avec ses arbres aux troncs blancs et lisses, ses fougères et ses lianes, vient plonger ses dernières racines dans les flots. Nous remontons la rivière, sautant de roche en roche, brisant à coups de hache les lianes qui barrent le chemin. Il règne un silence imposant. Seule, de temps en temps, une bande de singes, que notre présence gêne sans les effrayer, pousse de grands cris dans les arbres. Nous méprisons leurs clameurs et ne voulons pas, en leur envoyant des balles, leur donner mauvaise opinion des hommes. Un coup de fusil retentit cependant. C'est N... qui s'est trouvé nez à nez avec un cobra sur lequel il a failli marcher. Comme la mauvaise bête se dressait en sifflant, il l'a tuée à bout portant. Voilà un meurtre que les habitants de l'île Sullivian — si jamais il y en a — ne nous reprocheront pas.

Mais il se fait tard, et la nuit, dans ces climats, tombe avec une effrayante rapidité. C'est presque à tâtons que nous rejoignons notre barque. Mme de B... et Mme C..., moins bien garanties que nous, sans doute, sont mordues par plusieurs sangsues. Ces animaux leur font horreur. Pour les calmer, je leur raconte que, plusieurs fois dans ma vie, j'en ai été littéralement couvert; mais cela leur semble, je crois, une bien faible consolation.

Et cependant, malgré les sangsues et les serpents, nous nous sentons tous saisis par le charme sauvage de ces îles désertes, par leur grand silence et leur paix. Tout homme a dans le cœur un Robinson qui sommeille. Tandis que nous regagnons lentement notre navire, bercés par la mer calme sous les cieux étoilés, nous rêvons de nous établir quelque jour sur une de ces grèves, d'y vivre indépendants et solitaires, oublieux et oubliés. Oh! ne plus mener cette vie factice de nos villes, ne plus se laisser emporter dans un tourbillon que nul ne guide, ne plus mentir, ne plus aimer, ne plus souffrir, sans doute ce n'est pas le bonheur! Mais c'est peut-être la manière la plus sensée de concevoir l'existence pour quiconque connaît l'écœurement des passions, l'inanité des désirs, pour quiconque sait que toutes les joies se payent de tristesses amères, et que les songes même ont leur réveil.

∴

Pendant quatre jours nous voguons au milieu de ces îles sur une mer idéalement pure et calme. Nous naviguons tant qu'il fait clair; puis, un peu avant le coucher du soleil, nous mouillons dans quelque baie, nous descendons à terre en canot, nous faisons dans les belles forêts sombres des voyages d'exploration. Malgré les nombreuses traces de gibier rencontrées, nous ne sommes pas favorisés comme chasse. Les fourrés sont trop épais pour qu'il soit facile d'y découvrir les bêtes sauvages qui y dorment. Du reste nous ne nous y attachons guère. On dirait que nous avons quelque scrupule à troubler ces solitudes, à effrayer ces animaux qui ont le bonheur de vivre loin des hommes.

Enfin nous reprenons le contact du monde civilisé en venant jeter l'ancre dans la rade de Georges' Town à Poulo-Penang. Plus nous redescendons vers l'équateur, plus la température devient molle et chaude. Dans la journée, le ciel est souvent chargé de gros nuages noirs, l'air est épais et humide; mais les nuits sont délicieuses et relativement fraîches.

Nous contemplons, le soir de notre arrivée à Penang, un des plus beaux phénomènes de phosphorescence que j'aie vus de ma vie. La mer était comme embrasée. De véritables vagues lumineuses venaient heurter le navire et jaillissaient en mille étincelles. Des barques nombreuses, accourues autour du yacht pour vendre des fruits ou des vivres, agitaient ces flots d'or, faisaient flamber devant leur étrave ou au remous de leurs rames, de longues flammes vertes. Et nul feu d'artifice, nul feu de bengale, produits de l'industrie des hommes, ne peuvent donner l'impression féerique de cette rade immense sillonnée d'éclairs, illuminée intérieurement par les milliards de polypes suspendus dans ses eaux.

Georges' Town est une grande ville chinoise et malaise s'étendant au bord de la mer et dominée par de hautes montagnes couvertes de forêts. Par une route large et propre, on arrive à un jardin botanique situé dans un site pittoresque, et que surplombe un rocher d'où tombe une cascade. Non loin de là, l'eau est recueillie dans un bassin naturel où l'on prend des bains d'une délicieuse fraîcheur. Un sentier très bien entretenu monte dans la forêt, au milieu d'arbres couverts d'orchidées, jusqu'à un sommet où se trouve un petit hôtel qui sert de sanatorium. On y a une vue merveilleuse sur toute l'île de Penang, sur le détroit qui la sépare de la presqu'île et, plus loin, sur le Maidland et les hautes montagnes qui barrent l'horizon du côté de l'Orient. A vos pieds, les arbres qui couvrent les pentes ont, par la diversité de leurs essences, les teintes variées de nos bois en automne. De-ci de-là, au milieu de l'Océan de verdure, un flamboyant fait une large tache rouge, comme une tache de sang.

Georges' Town est le premier type que nous

rencontrons, dans ce voyage, de la grande colonie chinoise établie sous la loi et la domination d'un autre peuple. Singapore, Cholen, près de Saïgon, Manille et Batavia, pour ne citer que quelques noms, sont des exemples plus connus qui appartiennent à la même catégorie. Une fois dépaysé, le Chinois conserve toutes ses qualités natives d'ordre, d'économie, de travail, d'audace, mais il les développe au centuple quand il est débarrassé des préjugés et de la mauvaise administration de son pays. Il s'implante là où il est venu aborder et s'empare peu à peu de tout le commerce et de toute l'industrie. Les Chinois établis en attirent d'autres. Bientôt se fonde toute une colonie, humble d'abord, modeste et pauvre, apportant de ses lointaines provinces la forme de ses maisons, ses sociétés coopératives, sa coiffure et son costume, ses temples et ses dieux. Mais bientôt la richesse, habilement drainée, afflue dans les taudis. Des palais remplacent les masures. La foule, en augmentant de nombre et de force, devient exigeante et turbulente. Les chefs de congrégations, gros seigneurs puissamment riches, qu'on rencontre conduisant leur phaéton avec deux valets de pied par derrière et qui donnent des dîners où l'on ne boit que du champagne, deviennent des autorités reconnues avec lesquelles les gouverneurs doivent compter. Et tous ces pays d'Extrême-Orient sont acculés à ce dilemme : ou de végéter sans progrès; ou de se développer rapidement par les Chinois, mais aussi pour eux. Ainsi il paraît que le rôle des Européens soit destiné peu à peu à se réduire à celui d'administrateurs consciencieux et zélés d'une fortune qui ne leur appartiendra plus.

MALACCA

26 janvier.

Nous nous arrêtons quelques heures à Malacca, jolie petite ville que dominent, sur une colline, les ruines d'une vieille église. Une inscription ancienne y constate que c'est là que fut enterré saint François-Xavier, S. J., avant le transfert de son corps à Goa. Nous faisons une promenade en pousse-pousse dans la ville et les environs. La campagne, couverte de cocotiers et d'aréquiers, sous lesquels des cases s'abritent, a beaucoup de rapports avec le voisinage de Colombo. La ville est une ville chinoise sans caractère rappelant, en plus petit, Penang ou Singapore.

SINGAPORE

Quand, sortant du dédale d'îles verdoyantes qui parsèment le canal de Malacca, on pénètre dans l'immense rade de Singapore, on est saisi, si le vent vient de terre, par une odeur écœurante et bizarre que l'on respire avec cette force pour la première fois. C'est un mélange de musc, d'opium, d'encens, de saleté et de sueur, c'est l'odeur chinoise, en un mot, qui monte de cette grande ville, de cette agglomération de 200.000 Célestes et se répand dans l'air, dans la campagne et sur la mer. Et cela est, en quelque sorte, le symbole de l'omnipotence chinoise sur cette terre anglaise où les Européens, cantonnés dans une petite ville spéciale, sont entourés de tous côtés par la cité jaune qui les surveille et les étreint. Quand on a quelque peu causé avec des gens informés, on apprend que cette puissance des Chinois n'est pas seulement une apparence, mais que le commerce, l'industrie, les capitaux sont entre leurs mains. Et ils ont conscience de ce qu'ils sont et de ce qu'ils peuvent. Les coolies des pousse-pousse, les boys des hôtels, les bateliers du port sont insolents et querelleurs, toujours prêts à se réclamer contre vous de vos propres lois. Singapore, comme Hong-Kong et Shangaï, est une des grandes écoles où nous dressons la race jaune et lui forgeons les armes dont elle se servira quelque jour contre nous.

En attendant, c'est une colonie prospère et un des ports libres les plus importants de l'Extrême-Orient.

Dès qu'on sort de la ville, soit pour se rendre au jardin botanique, soit pour errer sur les routes bien entretenues de l'île, on rencontre la végétation tropicale dans toute sa splendeur et sa vitalité. Situé presque sous l'équateur, Singapore n'a pas les saisons tranchées qui caractérisent les contrées plus au nord ou plus au sud. La température y est uniformément chaude et lourde; les pluies y tombent avec abondance toute l'année. Et l'on voit presque toujours dans l'air de gros orages qui se forment, d'épais nuages noirs qui s'amoncellent et finissent par se résoudre en torrents d'eau. Ce doit être, à la longue, un des climats les plus pénibles et les plus anémiants du monde. Mais les arbres, les herbes, les lianes et les fougères s'en trouvent bien. Tout cela pousse pêle-mêle avec une vigueur folle, recouvrant ce qui n'est pas cultivé et pour ainsi dire défendu chaque jour, d'un impénétrable manteau.

Dans la ville chinoise aux maisons peintes en

bleu, règne une grande activité. Tous les métiers se donnent rendez-vous dans les échoppes et sous les arcades. D'innombrables fils du Ciel traînent, en courant, de petites voitures. Ils sont vêtus d'un mauvais caleçon de toile, ont les jambes et le torse nus; leur peau brune, ruisselante de sueur, étincelle au soleil. De tout cela monte, avec une particulière intensité, cette odeur spéciale qui nous accueillit à l'arrivée, et dont les relents fades viennent, la nuit même, par les hublots ouverts, troubler notre sommeil. Il faut s'y faire : nous aurons plus tard, dans les rues de Canton ou de Fou-Tchéou, l'occasion d'aspirer des parfums plus violents encore.

Singapore est vraiment, comme on l'a dit, la porte de l'Extrême-Orient. C'est un avant-goût de Hong-Kong et de Shangaï ; c'est le trait d'union entre l'Inde et la Chine. Toutes les races semblent s'y donner rendez-vous. Le marchand parsi est encore installé dans le hall des hôtels ; de grands et maigres Hindous, drapés d'étoffes claires, errent sur les quais du port, et, dans certaines rues de la ville, le Japon fait son apparition sous forme de mousmés grasses qui, du pas de leur porte, lancent des œillades aux passants.

CHAPITRE IV

BORNÉO

Aujourd'hui à midi nous avons franchi l'équateur. Baptême général au champagne et à l'eau d'Évian. Vers le soir, nous pénétrons avec de grandes précautions dans l'estuaire inférieur du Kapoas.

Cette terre de Bornéo ne semble point hospitalière. A la bouche nord du fleuve qui est la voie la plus directe pour se rendre à Pontianac, nous avons vainement passé plusieurs heures à faire des signaux et à tirer le canon. Pas un pilote, pas une barque n'ont paru. La mer était déserte, et la côte basse et verdoyante semblait complètement inhabitée.

Ici la profondeur est suffisante pour nous permettre d'entrer en rivière. Nous venons mouiller dans une sorte de lac entouré, de tous côtés, de palmiers d'eau qui semblent d'énormes roseaux poussant dans le fleuve même. Plus loin, sans doute à l'endroit où le sol émerge enfin de la vase et constitue une rive invisible, de gros arbres touffus se dressent, faisant des taches sombres dans la pâle verdure des marais.

Par bonheur nous découvrons une petite chaloupe à vapeur qui est accompagnée de deux chalands. Nous entrons en pourparlers avec le patron — un Chinois — et moyennant une rémunération, sans doute exagérée, il consent à nous conduire à Pontianac dans ce misérable équipage. Les deux chalands sont liés à droite et à gauche de la chaloupe. On peut ainsi circuler d'un bout à l'autre de la flottille. Nous nous y entassons pêle-mêle avec nos bagages, nos armes et nos vivres, dormant sur des caisses. à la belle étoile, et nous préservant, durant le jour, des rayons du soleil avec des couvertures et des nattes. On remonte un bras du fleuve assez étroit entre les murailles toujours vertes des palmiers d'eau. Le pays est presque désert. De loin en loin paraît un pauvre village construit sur pilotis et auquel on accède en barque par un étroit canal perpendiculaire à la rivière. Il semble que dans ce pays il n'y ait pas de sol et que l'eau s'étende indéfiniment, croupissante et empestée, sous les palétuviers et les roseaux.

Enfin, après vingt-quatre heures de cette navigation, nous voici à Pontianac. La ville, construite sur les deux rives, est assez importante. Elle comprend une population mêlée de Malais et de Chinois. Les quelques Européens, commerçants ou fonctionnaires hollandais sont complètement ahuris de notre venue. Des touristes à Pontianac! On n'avait jamais conçu cela.

Très aimablement le gouverneur met à notre disposition sa chaloupe plus confortable que les chalands dont nous nous sommes servis jusqu'ici et nous partons pour remonter le fleuve vers l'intérieur de l'île. Le Kapoas, une fois tous ses bras réunis, constitue un cours d'eau important. Il coule majestueux et calme entre deux rives boisées où des singes jonglent tout le jour dans les branches. La végétation marécageuse des côtes disparaît bientôt pour faire place aux belles essences des tropiques, aux arbres géants couverts de lianes dont les branches noueuses s'avancent au loin sur les eaux. Et le soir, quand la lune se lève faisant étinceler le fleuve, c'est un magnifique spectacle que celui de cette forêt sombre, mystérieuse et sinistre, qui se découpe dans le ciel clair en projetant des ombres noires où notre bateau disparaît tout entier.

SANGAU

7 février.

Un petit village, ce Sangau, un petit coin perdu sous les grands arbres, au bord de l'eau. Il y a cependant un sultan indigène et un résident hollandais. Mais le sultan ne diffère pas sensiblement du boy qui cire mes bottines et le résident, s'il gouverne un territoire immense, semble avoir sous sa direction une population plutôt clairsemée. M. Van den M... nous reçoit avec une simplicité et une amabilité des plus cordiales. Il occupe, sur la rive du fleuve, une grande maison de bois entourée de jardins. Il y vit avec sa femme et ses enfants, des enfants tout blancs et tout roses qui étonnent ici comme une anomalie. De temps en temps, à des intervalles plus ou moins longs, il a des nouvelles du reste du monde par quelque bateau qui remonte la rivière. Il semble paisible et heureux.

Grâce à sa complaisance, nous faisons, outre la connaissance du sultan, celle de quelques spécimens de cet « homme des bois », sorte d'orang-outang spécial à Bornéo. Ce singe marche à peu près debout comme un homme. Il atteint une taille colossale et devient, quand il est blessé, un des hôtes les plus redoutables des forêts. Nous rencontrons aussi quelque Daïaks mâles et femelles, presque aussi laids que les singes, avec lesquels ils vivent au fond des bois et dont ils ne se distinguent guère que par de grands sabres et des flèches empoisonnées. Naguère la principale occupation de ces peuplades était la chasse des têtes, des têtes humaines bien entendu. Cet usage respectable tend à tomber en désuétude depuis que le Gouvernement hollandais fait pendre haut et court les chasseurs trop heureux. Je dois dire qu'il arrive rarement à les prendre. Mais cela constitue néanmoins une gêne dont la tradition souffre beaucoup.

Il y a dans les environs de Sangau des gisements aurifères pour lesquels des capitalistes hollandais viennent de souscrire des fonds importants. Il nous est actuellement difficile de juger de leur richesse, l'exploitation étant encore entre les mains d'un Chinois, qui emploie les procédés enfantins dont l'antiquité usait.

PONTIANAC

11 février.

Nous sommes rentrés ici hier matin. Date fatidique, date déplorable, car elle marque pour nous le commencement d'une ère de tribulations. Au lieu de laisser le *Victoria* dans la rivière de Koeboe où nous avons débarqué, on lui a donné l'ordre de venir en face de la bouche du Kapoas qui, de Pontianac, va directement à la mer. Mais les fonds ne lui permettent pas d'approcher, et il est obligé de se tenir assez loin de l'embouchure, à environ 6 milles au large. Pour rejoindre le yacht, nous avons loué un steam-launch sur lequel nous nous embarquons à deux heures de l'après-midi, par une pluie battante. Le temps passe, les heures s'écoulent : nous ne bougeons pas. Finalement nous apprenons que le capitaine, un Chinois, ne veut pas partir. Il prétend que la mer est trop forte et qu'il ne lèvera l'ancre que le lendemain, à cinq heures du matin. Force nous est de regagner l'hôtel, le misérable petit hôtel de Pontianac, où nous trouvons juste une chambre pour Mmes de B... et C... et, comme nourriture, du riz à discrétion. Quant à nous, nous passons la nuit sur des chaises, sur des fauteuils, ou par terre sous la vérandah. Il tombe toujours des torrents, et les moustiques, chassés par l'averse, nous dévorent impitoyablement.

Ce matin, quatre heures et demie, il pleut toujours. Nous nous embarquons à la hâte et on démarre. On descend la rivière ; nous voici à l'embouchure : nous stoppons! Que se passe-t-il? Le maudit Chinois ne veut plus avancer. Il prétend que la mer est trop grosse et qu'il y a du danger. En vain nous écarquillons les yeux : impossible de voir une ride. Une heure durant, nous tempêtons, nous protestons, nous menaçons. Enfin, il y a une éclaircie : la pluie cesse. Cela rassure notre homme, et il se décide à s'aventurer sur les flots amers. On fait ainsi deux ou trois milles. Le temps est sombre mais nous entrevoyons cependant un instant la *Victoria* qui fait une tâche noire dans la brume. Pas de mer, à peine une grande houle calme. Je crois que notre Chinois n'a jamais vu l'Océan, et il semble très effrayé. — Tout à coup, la pluie reprend. Alors tout est perdu. Pour notre capitaine, c'est la tempête. Vite, il vire de bord, et en route pour la terre! Nous hurlons : nous lui montrons du doigt le point où se trouve le yacht, but de nos efforts et de nos désirs. Tout est inutile. Quelques heures plus tard, nous étions de retour à Pontianac.

Nous faisons à l'hôtel une rentrée qui n'a rien de tromphal. Chacun s'esclaffe en nous voyant. Les petites Malaises qui font le service se tordent de rire. Les voyageurs maugréent parce que nous avons envahi la cuisine et mangeons tout ce qui nous tombe sous la main. Un « beo » apprivoisé, sautillant dans sa cage, nous siffle à tue-tête, sans discontinuer, un air de Mme Angot.

Nous passons le reste du jour à la recherche de moyens de transport. Impossible de faire parvenir même un ordre au *Victoria*. Enfin, comme tout semblait désespéré, nous apprenons qu'un steamer anglais, qui transporte du caoutchouc, consent à nous prendre comme passagers. Il nous arrête, au milieu de la nuit, à proximité du yacht dont les embarcations viennent nous chercher et nous ramènent enfin à notre bord où nous avons eu rarement plus de plaisir à rentrer.

ILE DE LABUAN

15 février 1900.

Une petite île anglaise tout contre la côte nord de Bornéo. C'est une colonie peu importante et peu habitée qui n'a pour elle que de posséder un bon port et des mines de charbon. Ces mines sont médiocres, mais capables de rendre, le cas échéant, de sérieux services à la flotte britannique. Et c'est pour cela que le pavillon anglais flotte sur cet îlot et que nous avons le plaisir de dîner un soir chez un gouverneur aimable qui a une femme charmante. Entre autres convives nous y voyons l'amiral K..., qui est bien un des plus curieux spécimens de marin impénitent qu'il m'ait été donné de rencontrer. C'est un petit vieux, haut comme rien, mais ne perdant pas un pouce de sa taille, mangeant bien, buvant sec et très sourd, ce qui est excusable à plus de quatre-vingts ans. Il était venu pour la première fois ici en 1836. Quelques détails lui avaient sans doute échappé. Il a éprouvé le besoin d'y retourner en 1900. Il paraît s'y trouver très bien. Nous avons bu à son prochain voyage : ce petit homme doit être éternel.

Juste en face de Labuan se trouve le sultanat Bruneï, qui est le dernier État indépendant de la grande île. La ville, qui compte près de 30.000 habitants, est entièrement bâtie sur pilotis au milieu d'une rivière. L'aspect en est des plus curieux. Les maisons réunies par groupes, au moyen de passerelles, forment des ilots entre lesquels on circule en pirogue. Le palais du sultan lui-même n'est pas différemment bâti. Nous allons rendre visite à ce bon vieux, qui ressemble à un singe et ne comprend aucune langue connue — ce qui simplifie la conversation. — Il nous offre du café déplorable et des cigarettes longues de 50 centimètres roulées dans des feuilles de pandanus en guise de papier. Le voilà bien le luxe des souverains asiatiques! Il est vrai que le pauvre homme mène tristement le deuil de sa dynastie. — Il a depuis longtemps battu le record de saint Martin en donnant bien plus de la moitié de son manteau. Sans doute, cependant, cela ne suffira pas : on ne lui en laissera ni une frange ni un bouton. Il a dans la Compagnie anglaise du « North Borneo » un voisin rempli d'appétit. Quoiqu'il lui ait bénévolement fait don de ses plus belles provinces, et même de quelques cantons qui ne lui appartenaient pas, ce qui est le comble de la générosité, on commence à faire courir de mauvais bruits sur son compte. On l'accuse de fomenter des révoltes, d'encourager des rebelles et de leur fournir des armes. Cela est grave! et cela est infiniment réjouissant quand on a été à Bruneï où il n'y a, en fait d'artillerie, que deux canons de bronze datés de 1763! Au fond, ce vieux gâteux, chez qui on boit du très mauvais café, ne m'importe guère. Mais cela m'intéresse toujours de contempler la gloutonnerie anglaise qui, comme celle des vautours, ne se rassasie pas.

Je dois dire que nos rapports personnels avec la « North Borneo C° Ltd » ont été des plus cordiaux. Nous avons passé plusieurs jours sur son territoire, dans la baie de Kudat, à l'extrémité nord-est de Bornéo. L'administrateur s'est mis en quatre pour nous faire chasser des bisons dans la jungle, où nous allâmes camper plusieurs jours sous la tente. Il n'y eut point de sa faute si le sport fut médiocre. Le paysage était joli. La baie, entourée de forêts sombres, étincelait au milieu de la verdure et, dans les matinées claires, on voyait, par delà les collines de la rive, se profiler dans le ciel bleu la silhouette gigantesque du Kinat-Balou, le plus grand volcan du monde.

CHAPITRE V

LES PHILIPPINES

SULU

26 février 1900.

Toute la matinée, nous avons navigué parmi des ilots couverts de verdure. Enfin voici une île plus étendue, avec des montagnes plus hautes; de tous côtés des colonnes de fumée s'élèvent de la jungle, signe d'habitation et de défrichement : c'est Sulu. — Quelques maisons blanches en amphithéâtre au bord des flots; à droite et à gauche des agglomérations indigènes, cases de bambous et de palmes construites sur pilotis au-dessus des eaux. Au centre, une jetée large et propre terminée par une tour carrée toute blanche, qui a des prétentions gothiques et sur laquelle flotte, largement déployé, le drapeau américain. En arrière, toujours de hautes montagnes boisées aux sommets desquelles sont accrochés de gros nuages noirs complètement isolés dans l'azur du ciel.

Nous descendons à terre. Grande agitation dans la ville. Des soldats américains sont massés sur la jetée pour nous regarder passer. Ce sont de beaux hommes, l'air de chasseurs ou de cow-boys; des guêtres de toile, un chapeau de feutre mou, un costume complet de kaki ou, tenant lieu de veste, un simple jersey bleu. Presque tous ont autour du corps une ceinture pleine de cartouches. Beaucoup portent des fusils ou des revolvers, quoiqu'ils ne soient pas à la manœuvre. La confiance ne semble pas régner. Il y a des sentinelles sur les remparts et au coin de chaque rue. Les troupes sont cantonnées un peu partout, dans les anciens monuments publics, dans les églises et dans les couvents.

Des officiers viennent à notre rencontre. Ils font, de loin, avec leurs grands feutres, de larges saluts, comme en faisait jadis le colonel Cody aux arènes de la rue Pergolèse. Nous visitons le fort, la ville qui a conservé un cachet très spécial, un air très particulier de bourgade espagnole, les casernes, le club installé dans une pagode chinoise. Nous pénétrons aussi dans quelques maisons indigènes, grandes paillotes sur pilotis où logent jusqu'à 100 personnes, sans compter les poules, les chats et les cochons. Les enfants des deux sexes restent tout nus jusqu'à un âge assez avancé. Les femmes, peu habillées elles-mêmes, tissent des étoffes ou font la cuisine. Les hommes ne semblent pas faire grand'chose, mais ils sont armés d'énormes kriss, de couteaux et de lances.

La population, comme dans tout le reste des Philippines, a mal accueilli la domination américaine. Il y a peu de combats, mais les assassinats sont fréquents. Aussi les autorités sont-elles obligées à de grandes précautions. A la tombée de la nuit, on chasse tous les natifs hors de la ville et on ferme les portes. Des patrouilles circulent, des appels se croisent, et il faut savoir le mot de passe pour oser descendre dans la rue.

Les Américains qui sont ici, officiers et soldats, semblent en avoir assez de leur conquête. Ils sont las de cette lutte de tous les instants qui ne comporte pas de bataille, mais où chaque buisson peut être un danger. Lutte fatigante et énervante, sans gloire et sans profit. Étant sorti de la ville pour errer un peu dans la campagne, j'ai rencontré une bande de cavaliers qui venaient de l'intérieur, et j'ai pu voir quels ennemis combattaient les Yankees. C'étaient des hommes bruns ressemblant à des Espagnols, montés sur de petits chevaux très vifs. Ils avaient une lance en bandoulière, un kriss au côté et un long fusil en travers sur l'arçon de leur selle. Coiffés d'un mouchoir rouge noué autour de la tête, le regard sombre et le torse nu, ils avaient bien l'aspect de brigands.

Les officiers nous ont reçus dans leur club où on a bu force champagne à notre santé réciproque. Le lendemain, ils viennent déjeuner à bord, amenant avec eux la musique du régiment. Pendant tout le repas, installée à l'arrière, elle joue des airs variés, puis successivement, au dessert, la *Marseillaise* et la *Yankee Doodle*. Alors chacun debout, le verre en main, porte un toast aux patries lointaines. Et cela — qui est un peu grotesque — est cependant touchant, ce souvenir envoyé par delà les mers à la terre toujours aimée où l'on eut son berceau et où reposent à jamais les tombes vénérées des ancêtres.

ILE DE MINDANAO

1er mars 1900.

Zamboanga est situé au fond d'une large baie que deux promontoires boisés limitent au nord et au sud. La plaine où se trouve la ville est elle-même entourée d'une chaîne de montagnes que recouvrent d'épaisses forêts. L'intérieur de Mindanao est peu connu et habité aujourd'hui encore par des peuplades presque sauvages; mais Zamboanga est, au contraire, un des plus anciens établissements européens des Philippines. Cette cité fut fondée en 1635 par les Espagnols, et elle resta jusqu'à nos jours assez prospère, réputée pour la sécurité de sa rade et la salubrité de son climat. Elle comptait, il y a seulement quelques années, 20.000 habitants. Ces derniers ne sont plus que 2.000 aujourd'hui. Dès le départ de la garnison espagnole, la ville fut envahie par les insurgés, qui la livrèrent au pillage et à l'incendie. De grandes herbes et des ronces poussent dans ce qui fut Zamboanga au point que j'y ai tiré des bécassines et fait une assez jolie chasse. Les quelques maisons qui subsistent appartiennent à des Chinois ou sont habitées par les officiers américains dont les troupes occupent le fort. Il faudra bien des années pour rendre à cet antique comptoir sa prospérité passée.

CEBU

3 mars.

En partant de Zamboanga, nous suivons pendant une nuit la côte nord-ouest de Mindanao pour mettre le cap au matin sur la pointe sud de Negros. Après avoir longé quelque temps cette île, nous nous engageons dans le détroit à l'est de Cebu. Les terres sont tout à fait différentes de celles que nous avons vues jusqu'ici. De hautes montagnes volcaniques, en grande partie déboisées, dominent des plaines cultivées et fertiles. La verdure des palmiers contraste avec la teinte jaune des grandes herbes qui semblent des moissons mûres. L'aspect n'a plus rien de tropical. On dirait les côtes de la Sicile ou de la basse Italie. Parfois des maisons blanches paraissent dans les arbres. Elles sont généralement groupées autour du clocher d'une église ou d'un monastère. Mais, si la physionomie du pays est devenue plus européenne, la chaleur est équatoriale. Nous nous en apercevons cruellement à Cebu où la rade, complètement abritée, est une véritable étuve. Dans la ville règne une poussière effroyable. On y voit de vieilles demeures espagnoles avec des barreaux de fer, des portes sombres, des ruelles étroites encombrées de soldats. Les maisons sont désertes. Les toitures effondrées sont tombées dans les cours; les murs lézardés chancellent. Tout cela a été saccagé par les obus ou l'incendie. — C'est le spectacle que nous aurons constamment sous les yeux, dans ces malheureuses Philippines que des années de guerre civile ont dévastées sans qu'il soit aujourd'hui possible de prévoir quand et comment elles se relèveront.

A Cebu la garnison est pour ainsi dire prisonnière dans sa conquête. Tout Américain qui sort de la ville est presque assuré de n'y point rentrer. Plusieurs officiers et soldats ont été assassinés dans les rues même. Il est défendu à qui que ce soit de quitter son logis après huit heures du soir. Ce sont incessamment des patrouilles qui passent, des sentinelles qui s'appellent, des postes qui crient « halte-là! » — La nuit de notre départ, notre dîner fut troublé par le bruit d'une fusillade. Quelques maisons brûlaient dans un faubourg, maisons de paille flambant comme la paille et s'éteignant comme elle. Mais, longtemps après que l'incendie n'était plus qu'une vague lueur, les coups de fusils crépitaient encore dans le lointain devenant de plus en plus espacés et de plus en plus rares jusqu'à ce qu'enfin tout rentrât, vers minuit, dans le calme et le silence. Évidemment les Philippines ne sont pas pour les Américains une rose sans épine. Je n'ai jamais vu de guerriers plus empêtrés de leur conquête et plus mécontents de l'avoir faite. Si le corps d'occupation avait voix au chapitre, il y a longtemps qu'on aurait rendu ces îles à l'Espagne, en admettant qu'elle en veuille, ou à Aguinaldo.

Comme toutes les vieilles cités espagnoles, Cebu est parsemé de couvents. Beaucoup sont déserts. Quelques-uns ont conservé un ou deux religieux qui montent la garde. Le plus important que j'ai visité est consacré au « Saint Enfant ». J'y ai trouvé un vieux moine qui m'a offert une médaille et un gros cigare. En ayant lui-même allumé un, il me conduisit tout en fumant dans la chapelle au pied de la statue du « Santo Niño », trouvée, dit la légende, à cette place même lorsque les Espagnols y débarquèrent en 1521. C'est une pierre noirâtre grossièrement sculptée. Il faut une forte dose de bonne volonté pour lui trouver une forme divine ou même simplement humaine. Elle n'en fut pas moins, durant des siècles, un objet de vénération.

C'est ici également, dans la petite île de Mactan qui ferme la baie de Cebu, que Magellan périt assassiné quand, après avoir découvert le détroit qui porte son nom, et, le premier des humains, traversé tout le Pacifique, il vint aborder dans ces îles où l'avaient conduit son génie et sa mauvaise fortune. J'ai salué de loin la tombe de ce grand homme. Je n'ai pu, comme je l'aurais souhaité, aller m'agenouiller sur les marches du petit monument qu'on lui a élevé. Les insurgés sont maîtres de ce coin de terre, et il est probable que ma dépouille mortelle, infime chose, eût été rejoindre celle du héros qui repose là.

MANILLE

Il y a deux villes à Manille : la ville commerçante et moderne et la vieille ville espagnole.

La première n'a rien de saillant et ressemble à toutes les grandes cités de l'Extrême-Orient. Elle est peuplée de Chinois et de Philippins, sillonnée de tramways et d'une multitude de petites voitures à un cheval qui vont très vite. Certaines rues sont bordées de riches boutiques européennes, bijoutiers, chapeliers, libraires, chez qui l'on vend des articles allemands, anglais et même français. Il y a des pâtisseries bien installées où l'on mange des gâteaux et des glaces et où se réunissent, vers cinq heures, les Américaines élégantes de la garnison. Sur une vaste place qui occupe le centre de la ville se trouve un grand hôtel — très mauvais — et d'énormes manufactures de cigares portant encore des noms espagnols : « la Insular », « Germinal », « la Isabella », etc. Dans les rues, circulent par bande des soldats américains toujours vêtus de kaki, le feutre rabattu sur les yeux, le ventre serré dans la ceinture à cartouches. Comme toujours, ils ont une médiocre tenue, quoique la discipline semble mieux observée ici que dans les autres points des Philippines que nous avons visités.

La vieille ville est bâtie sur une hauteur d'où on domine la rade. Elle est entourée d'antiques remparts assez délabrés où poussent de l'herbe et des ronces. On y pénètre par de grosses poternes, des grilles et des ponts-levis. De suite on se sent transporté dans un autre milieu, dans un autre monde. Les rues sombres et silencieuses sont presque désertes. On y rencontre des femmes voilées vêtues de noir, des équipages antiques aux élégances prétentieuses et surannées. Vieilles guimbardes du temps de Philippe IV traînées par de maigres haridelles, avec des cochers et des valets de pied aux livrées sordides et aux cocardes éclatantes. Les maisons sont noires, ont d'énormes portes massives trouées d'un petit judas. Les fenêtres sont closes de solides grilles de fer et de persiennes qui interceptent la lumière. Puis ce sont des couvents, d'innombrables couvents, et des églises, plus nombreuses encore. Et l'on se sent reporté très loin en arrière, comme en visitant Timgad ou Pompéi, dans un passé mystérieux pour nous. C'est l'évocation de la vieille Espagne avec ses conquistadores héroïques et féroces, ses moines violents et dominateurs, sa religion intransigeante et son inquisition. On s'attend à croiser dans quelque carrefour un homme bardé de fer, au teint hâlé et à la barbe rude, une gitana avec sa guitare ou un Torquemada.

Les Américains ne viennent guère ici. Je crois qu'ils s'y sentent déplacés et mal à l'aise, qu'ils comprennent l'effroyable anachronisme qu'ils représentent dans cette cité morte, entre ces murs vermoulus. Ils vivent dans la ville commerçante, au milieu de l'animation coutumière, et laissent à la léthargie de leurs vieilles demeures les descendants des vainqueurs d'autrefois.

Quelques Espagnols cependant ont conservé des intérêts importants dans les plantations de tabac et les manufactures. Ils vivent entre eux, ne frayant que le moins possible avec les nouveaux maîtres du pays. La haine que les Philippins portent à l'Amérique leur a du reste procuré un regain de popularité.

J'ai eu occasion de voir un peu cette société à une réunion de courses donnée par le Jockey-Club de Manille. Ce n'était pas palpitant au point de vue sportif, mais cela se passait avec autant de sérieux que les réunions de Newmarket ou d'Epsom. Et j'en éprouvais comme une souffrance. Voilà donc tout ce que les Espagnols, les Italiens, les Français même, ont su prendre aux Anglo-Saxons : leurs sports, où ils ne parviennent pas à les égaler, leurs termes de courses qu'ils emploient, la moitié du temps, sans les comprendre, et la forme de leurs paletots. Et dans ce pays lointain de Manille, ces pauvres Espagnols, qui ont été lamentablement vaincus, se consolent et préparent la revanche en ayant un cercle qui porte un nom anglais, en ayant un « betting », un « ring », des « handicaps », des « top weights » et des « outsiders » et en émaillant leur langue harmonieuse de l'argot des bookmakers. N'est-ce pas une chose qui serait risible si elle n'était si triste, de penser que eux comme nous, et nous comme eux, auriens tant de choses à imiter, qui nous seraient indispensables, et que nous nous contentons de singer plus ou moins adroitement de semblables futilités. — Mais tant d'autres ont dit cela avant moi que je sens le ridicule de parler ainsi dans le désert. Ceux de mes amis qui me liront hausseront les épaules ; ils ne voudront pas croire qu'il est dix fois plus « fashionable » et plus anglais vraiment de s'occuper d'industrie ou de commerce, de gagner de l'argent, que de savoir par cœur l'origine des chevaux de course. Et tout en faisant venir de Londres nos vêtements, nos chaussures, notre linge et notre langage, nous nous acheminerons peu à peu et sans lutte sur la pente fatale où nos frères latins nous ont précédés.

En une heure de chaloupe à vapeur on se rend de Manille à Cavite, l'ancien arsenal espagnol où règne une activité qu'il n'avait pas connue depuis longtemps. Quelques gros navires américains, quelques « destroyers » émergeant à peine de l'eau, monstres puissants et laids de l'industrie moderne, dorment paisibles sur les flots. Autour d'eux, au milieu d'eux, projetant une ombre noire sur la mer étincelante, voici des sortes d'écueils : ce sont les mâts brisés, les cheminées, les tourelles des vaisseaux qui furent coulés en cet endroit, lors de la bataille qui donna les Philippines aux Américains. Tandis que nous voguons lentement, je cherche à sonder du regard les eaux transparentes, pensant toujours apercevoir quelque trace plus poignante du drame qui s'est passé là. Un jour, cet air fut sillonné d'obus, des incendies s'allumèrent, ces flots se troublèrent d'écume et se teintèrent de sang, puis de nouveau le calme revint, et la mer étendit son paisible linceul sur tant de ruines, de désespoirs et de morts. Maintenant, quelques épaves, comme des croix dans un cimetière, jalonnent l'abîme où repose la grandeur de la pauvre Espagne.

Hélas ! je reconnais ici plus qu'un désastre qui ne m'atteint point : j'y vois un exemple et un avertissement. Malgré moi, je me souviens que ceux qui dorment là sont mes frères. Et il me semble découvrir un navrant symbole de la décadence de nos races, dans ces lourds navires qu'aucun souffle n'anima, qui ne surent opposer à l'action que la passivité, à l'audace que le courage, et qui sombrèrent enfin, héroïques et impuissants, à la place où ils étaient fixés par les chaînes rouillées de leurs ancres.

CHAPITRE VI

DE HONG-KONG A FOU-TCHÉOU

HONG-KONG

Que Hong-Kong soit sous les tropiques, c'est un fait géographique que je ne saurais nier. Mais ce que je peux certifier aussi, c'est qu'il y fait franchement froid quand souffle la mousson du nord-est avec le brouillard pénétrant qu'elle apporte et les gros nuages noirs qu'elle chasse contre les montagnes de la côte. Venant de Manille, où il y avait 38° à l'ombre, nous trouvons la transition un peu brusque. Nous nous couvrons, pour débarquer, de vêtements de laine, de gros paletots et de plaids, comme pour une expédition au pôle nord.

La ville est bâtie en amphithéâtre, sur les flancs abrupts d'une montagne. C'est le triomphe du génie anglais d'avoir fait une grande cité, riche, luxueuse, pimpante, de ce rocher jadis désert. Le port, immense et très sûr, est le plus beau de l'Extrême-Orient. C'est le grand entrepôt de cette partie du monde, le point de croisement et de jonction de toutes les lignes maritimes, le lieu de relâche obligatoire pour quiconque a besoin de réparations, d'approvisionnements, de fret ou d'argent. La ville où Chinois et Européens sont mêlés respire le culte et l'habitude de la richesse, des grosses entreprises, des affaires. Personne qui ne vende quelque chose, ne soit agent de quelque Compagnie, ne fasse de l'argent, comme disent les Américains. Les Chinois ont bientôt profité de ces leçons et de ces exemples. Ils se sont assimilé avec une rare intelligence et des dispositions naturelles incontestables tout ce qu'ils ont vu faire aux autres. Bien vite ils y sont passés maîtres; et à l'heure actuelle, je crois qu'il serait difficile de trouver à Hong-Kong une entreprise, une société, une banque, qui ne comporte une forte proportion de capitaux chinois. Ceux qui ne sont pas encore arrivés, ceux qui ne « valent » pas des centaines de mille ou des millions de dollars, connaissent déjà le but à atteindre, les moyens à employer. Ils vendent des bananes, des oranges, du poisson séché, changent de la monnaie, prêtent à la petite semaine et vivent huit jours avec une poignée de riz. Dès qu'ils ont amassé quelque argent, ils étendent leur commerce et le cercle de leurs affaires, se lancent avec tout leur patrimoine dans des spéculations hasardeuses et productives. Quelquefois cela rate; ils en sont quittes pour recommencer avec une patience que rien ne rebute, une audace que rien n'arrête, une énergie qui ne se dément pas. Et, comme ils ont du flair, ils réussissent souvent.

Le but d'un Chinois qui veut s'enrichir est d'arriver à être « comprador ». Cela consiste à être l'agent d'une Compagnie, d'une banque, d'une maison de commerce. Toutes les affaires qui se traitent avec les indigènes passent par lui; il en est responsable et touche une part des bénéfices. Certains de ces « compradors » versent des cautionnements qui dépassent un million de dollars. Ils occupent des fonctions de gros actionnaires, de gros administrateurs. Et ce qui contribue à leur puissance, c'est l'impossibilité de s'en passer. Une société qui voudrait faire des affaires avec les indigènes sans comprador serait certaine d'être flouée. Avec lui et son cautionnement elle ne court aucun risque. Mais ce sont des services qui se payent. Aussi la race des Chinois riches va-t-elle constamment en augmentant, et on peut prévoir le jour où ils mettront les Européens hors de leurs propres affaires, ou ne s'en serviront plus, à leur tour, que comme « compradors » pour les marchés à conclure avec l'Europe. Voilà le péril jaune, beaucoup plus imminent, beaucoup plus dangereux que le rêve d'invasion à main armée de certains idéologues qui n'ont jamais été en Chine.

Ce travail acharné dans toutes les classes, cette lutte pour l'argent, ce marché perpétuellement ouvert aux « business » font de Hong-Kong une des villes les plus animées du monde. Mais les Anglais, là comme ailleurs, ont su importer leur art de faire chaque chose en son temps. Il n'y a pas de grosse commande, d'affaire urgente, de fluctuation commerciale, qui empêchent tous les bureaux de se fermer à quatre heures. Alors chacun laisse au vestiaire ses préoccupations avec ses vêtements de travail et se rend au tennis, au champ d'entraînement ou au club. Le soir, on passe un smoking, on va dîner dans un des grands hôtels de Victoria Street, on se rend au théâtre ou dans le monde. Et il est, dans la ville haute, pour les célibataires, des maisons luxueuses, d'aspect respectable, où l'on sable le champagne en compagnie d'Américaines aimables, dont le flirt est tarifé à 30 dollars la nuit.

Au moyen de terre rapportée, d'étages creusés dans la montagne, de travaux de toutes sortes, on est arrivé à entourer la ville d'arbres et de fleurs, à la semer de jardins frais. Tout en haut du pic qui domine Hong-Kong se trouvent un grand hôtel, un sanatorium et un hôpital. On y accède par des sentiers en lacets le long desquels on a bâti des villas et par un funiculaire qui, en quelques minutes, permet de faire le trajet. Pendant la saison chaude, on jouit sur le sommet d'une température plus fraîche et des vents vivifiants du large. En tous temps, on y a une vue magnifique sur l'île, sur les bras de mer qui l'entourent et serpentent autour d'elle comme d'énormes fleuves, sur la côte chinoise montagneuse et aride. C'est, à vos pieds, le fouillis de verdure qui enserre et cache la ville, la rade immense couverte de navires, sillonnée d'embarcations à vapeur ou à voiles, et plus loin, les chantiers et les docks hérissés de hautes cheminées, cité nouvelle, industrieuse et noire que la fumée de ses usines recouvre d'un brouillard épais.

CANTON

Après une nuit passée sur un des grands steamers à aubes qui font, à raison de deux par jour, le service entre Hong-Kong et Canton, on arrive vers six heures du matin dans cette dernière ville. Quand même on serait encore couché dans sa cabine, les clameurs qui s'élèvent de toutes parts, les senteurs empoisonnées qui pénètrent, suffisent à vous avertir que l'on est parvenu au terme du voyage. Dans la petite île où sont concentrées les habitations européennes, se trouve un hôtel suffisant, l'hôtel Victoria, où nous nous installons. Il fait un temps froid et humide. Un brouillard pénétrant alterne avec la vraie pluie. L'île de Sha-Min ne communique avec la ville chinoise que par deux ponts coupés d'une grille de fer. Le soir, on ferme les portes et aucun Chinois, en dehors des boys, n'a le droit de rester dans la concession. Précaution utile sans doute, mais illusoire, le jour où la population turbulente de Canton déciderait d'envahir en masse le territoire étranger, de brûler les maisons et de massacrer les habitants.

Les quelques monuments de la ville, la pagode des Cinq-Étages que les troupes françaises occupèrent en 1860 et d'où on a une vue superbe, la pagode des Cinq-Cents-Génies où se trouve une statue de Marco Polo déifié, vieille de plusieurs siècles, les prisons, l'université, ne présentent pas un intérêt supérieur, quoique curieux en somme. Mais ce qui est unique, féerique, comme un songe des *Mille et Une Nuits*, c'est la ville elle-même, ce sont les rues de Canton.

A peine avez-vous franchi le pont et fait quelques pas sur les quais encombrés et sordides où court une foule affairée, que brusquement, à la première rue où vous vous engagez, il semble que vous sortez de la vie réelle, que vous êtes emporté par miracle dans une évocation surprenante de l'Orient et du Passé. On ne peut concevoir qu'il existe encore de pareilles villes, de pareilles gens, de pareils peuples. Et on se demande, dans l'affolement qui vous agite le cerveau, si on n'est pas le jouet d'une imagination malade surexcitée à l'excès. C'est un enchevêtrement immense, une toile d'araignée, de ruelles larges de 2 ou 3 mètres avec des boutiques ouvertes à droite et à gauche, à même la rue. Le jour pénètre péniblement par en haut; les maisons elles-mêmes sont éclairées par le toit. D'immenses affiches, tout en longueur, pendent les unes derrière les autres, comme des portants de théâtre, enseignes ou réclames couvertes de caractères chinois, tracés sur du papier, de la soie, ou du bois. Et on s'enfonce de plus en plus dans cette demi-obscurité, on franchit des canaux où croupit une vase fétide, on passe de lourdes portes de fer, avec ce sentiment très net qu'on est perdu, qu'on ne sait où on va, que, son guide égaré, on ne se retrouverait jamais. Dans l'espace déjà si étroit de la rue, des marchands ambulants sont installés, vendant des choses innommables, des poissons frais ou pourris, des légumes, des poulets qui trempent tout plumés dans des bassines d'eau. Ils font cuire des pâtisseries ou des viandes, sur de petits fourneaux, au milieu d'une fumée âcre qui prend à la gorge, mêlée qu'elle est à l'odeur des immondices jetées sur les dalles, ou de l'opium que des Chinois fument dans une arrière-boutique. A l'entrée des échoppes, des individus travaillent. L'un bat du fer, forge des instruments ou des armes; un autre, à grands coups de couperet, découpe des viandes ou des poissons qu'il met sur son étal; d'autres ciselient l'argent, sculptent le bois ou l'ivoire, brodent des soies. Celui-ci, par des procédés enfantins, peint sur du papier de riz des sujets pornographiques ; celui-là tisse ; son voisin coud, pendant que, en face, un troisième scie, avec un grand bruit strident, des plaques de marbre pour les tombeaux.

Dans la rue, c'est un grouillement indescriptible, une foule dont aucune foule européenne ne peut donner l'idée. Des gens déguenillés, des coolies coiffés d'immenses chapeaux et portant des fardeaux aux deux extrémités d'un bambou en équilibre sur leur épaule, des lettrés en robe, des femmes en pantalons sautillant péniblement sur leurs petits pieds déformés. Des porteurs marchent d'un grand pas allongé en hurlant pour écarter les passants ; puis ce sont des joueurs de gong et quelques soldats qui précèdent un mandarin, une chaise, stores noirs baissés, qui contient quelque riche Chinoise allant faire des courses ou voir une amie. Et tout cela piétine dans la boue, écrase les ordures, se frôle, se traverse, se comprime, tandis que, jetant à notre tour une note discordante avec nos costumes européens, nos feutres et nos parapluies, nous dévalons par la ville au pas rapide des porteurs criant leur éternel « O-ho-haï ».

Et quand nous promenons les yeux sur ce

peuple qui nous environne, coulant par les rues comme un torrent débordé, nous ne surprenons que des gestes de colère ou de menace, des insultes qu'on nous crie sous le nez avec un mauvais rire, des regards de haine et de mépris. Ah! que nous faisons bien d'avoir, là-bas, sur la mer, de gros bateaux avec des canons, et des petits soldats dont les baïonnettes luisantes ont déjà fait des trouées dans cette tourbe, exigé du sang pour du sang!

Il y a dans la concession française de l'île de Sha-Min un nombre assez considérable de nos compatriotes. C'est un fait à noter d'autant plus qu'il est rare. Presque tous représentent de grandes maisons lyonnaises, s'occupent du commerce des soies dont Canton est un des principaux marchés. Plusieurs d'entre eux nous accompagnent un soir à la visite des bateaux de fleurs.

Par une nuit noire, dans une barque à six rameurs, nous filons sur les eaux sales du fleuve, remontant avec peine un fort courant. Au bout d'un quart d'heure, nous accostons les fameux bateaux, sortes de grands pontons ancrés dans la rivière, à côté les uns des autres, formant toute une ville illuminée et basse, d'où viennent, par instants, des sons de musiques vagues, de voix humaines ténues et frêles. Chaque bateau supporte une maison de bois contenant plusieurs salles où l'on joue, cause, mange ou fume. De fleurs, il n'y en a que dans l'imagination des voyageurs et des poètes. La plupart de ces établissements ne sont pas ce qu'un vain peuple pense. Ce sont des sortes de restaurants, correspondant, pour les habitants de Canton, au café de Paris ou à Armenonville. On loue le bateau pour une nuit, afin de s'y amuser d'une manière discrète et monotone dont la joie nous échappe et y recevoir ses amis. Des jeunes personnes vêtues de bleu, avec une coiffure à bandeaux brillante et lustrée comme un casque où pendent quelques fleurs, sont là pour charmer la pensée ou les yeux. Plus intelligentes, plus instruites que les femmes honnêtes, qu'on maintient en Chine dans une grossière ignorance, elles restent assises sur des chaises ou des sophas, causant d'un air placide, jouant aux dominos ou aux cartes, buvant du thé. Et elles chantent d'une voix grêle, en s'accompagnant d'un violon à une corde ou d'un petit tambour, de longues mélopées traînantes dans un demi-ton faux, qui ont cependant un certain charme d'exotisme et d'étrangeté. Il va sans dire que ces femmes ne sont pas des Lucrèce et que leur vertu ne tient qu'à un fil.

Mais, quand un riche Chinois s'éprend de l'une d'elles, les préliminaires durent souvent longtemps. Les Célestes aiment à s'attarder aux bagatelles de la porte et à savourer leur bonheur. Ils sont trop sensés pour cueillir la fleur d'amour à peine éclose ; ils préfèrent la voir peu à peu croître et s'épanouir, pour mieux respirer son parfum.

Je suis entré dans plusieurs de ces maisons et de ces salles. Partout, à l'exception de quelques fumeurs d'opium dormant sur des nattes, j'ai trouvé une tenue décente et calme, discrète et bien élevée, rappelant les plaisirs — peut-être discutables — d'une soirée de carême au faubourg Saint-Germain. Il est vrai que c'étaient les endroits chers, les bateaux des gens riches, et qu'à l'extrémité de cette ville flottante, il y a quelques bouges sales et vermoulus, lieux de débauche à bas prix pour la prostitution des basses classes, les coolies et les mariniers.

Justement un de nos compagnons rencontre le comprador d'une grande maison de soieries qui donne une fête à ses amis. Il nous invite à entrer et nous fait asseoir à une table que recouvrent d'innombrables petites assiettes remplies d'innomables choses. Quelques-uns goûtent à tout cela. Je me contente d'une tasse de thé qu'une dame aux joues peintes me verse d'un air grave. Les invités semblent faire peu d'attention à nous, fument ou causent, jouent aux dominos. Dans un coin, deux aveugles raclent des violons qui grincent, et une jeune fille assez gentille — pour une Chinoise — chante une complainte lente et mélancolique.

Longtemps nous errons de bateau en bateau, franchissant, dans l'obscurité, sur des planches mal jointes, des trous béants où clapote le fleuve. Enfin nous reprenons notre barque qui nous ramène aux concessions, emportant un souvenir étrange de cette visite nocturne, une impression presque pénible de ces lieux de plaisir triste. Et nous sentons, comme toujours en Chine, qu'il y a des choses qui nous échappent, qui sont trop différentes de nos pensées, de nos usages et de nos mœurs, dont nous sommes trop loin, en un mot, pour les comprendre ou les juger.

MACAO

Nous redescendons de jour le fleuve que nous avions remonté la nuit. Les rives sont basses et bien cultivées. On voit de nombreux villages où des toits de pagodes pointent dans la verdure. Des arbres fruitiers en fleurs semblent frissonner dans le brouillard et, à l'horizon, des montagnes peu élevées se dessinent avec ces formes étranges et un peu grotesques qu'elles ont sur les paravents. A mesure que nous approchons de la mer, le temps s'éclaircit et il fait tout à fait beau quand, vers les quatre heures du soir, nous mouillons devant Macao.

Au matin, une chaloupe à vapeur du port vient nous chercher, car, à la distance où nous sommes de terre, il serait imprudent de nous risquer sur notre petit launch. Une heure après nous débarquons sur le quai de la vieille colonie portugaise. Tout de suite, comme aux Philippines, on a l'impression de la déchéance d'une race, le sentiment de quelque chose de mort que rien ne vivifie plus. De grands édifices délabrés qui ressemblent à des cloitres, des rues tortueuses et étroites, enserrées de maisons noires qui paraissent inhabitées. Peu de monde dans la vieille ville. Quelques jeunes gens au teint olivâtre, coiffés de chapeaux melons, montrant par des signes indélébiles que le sang qui coule dans leurs veines est mêlé de sang chinois; des femmes couvertes de capelines noires, glissant sans bruit dans les rues désertes, d'un air découragé et las. On devine que tous ces gens sont inoccupés, indifférents à la vie et aux affaires. Ils doivent mener une existence de petits bourgeois de province, végéter dans un coin, entre les mêmes personnes, les mêmes idées, les mêmes usages, les mêmes choses antiques et surannées. Peut-être, une fois l'an, vont-ils à Hong-Kong acheter du linge et des vêtements.

Voilà tout ce qui reste de l'ancienne puissance portugaise, des hardis navigateurs qui ont sillonné tant de mers, occupé tant de points du globe. C'est ici que Camoëns, dans un site sauvage de rochers et de vieux arbres, a écrit ses vers fameux. Aujourd'hui, sa statue, au milieu d'un jardin abandonné, se couvre de lichens et de mousses, comme si le grand aventurier qu'il fut voulait se voiler la face devant la décrépitude de ses descendants. Et toujours se retrouve, d'une façon saisissante et poignante à la fois, cette grande loi de la nature qui veut que les générations passent et disparaissent, se remplacent et se succèdent, et que les peuples à leur tour meurent comme sont morts les hommes.

C'est cependant une jolie ville que ce Macao bâti sur une colline, en face d'une baie superbe. Tout en haut, sur une pointe dénudée, près d'un fort délabré où nul soldat ne monte la garde, une vieille église en ruine dresse son squelette de pierre et son clocher démantelé. Quelques villas modernes, appartenant à des gens de Hong-Kong, s'étagent au bord de la mer près d'un grand hôtel américain.

Macao est devenu en effet le lieu de plaisance et la maison de jeu de la grande ville anglaise. C'est le Monte-Carlo de l'Extrême-Orient. Les tripots qui y fonctionnent procurent aux autorités portugaises leur principal revenu. On n'y pratique ni la roulette ni le trente et quarante, mais le « bacouan », un jeu qui, pour être chinois, ne vaut pas mieux que ses confrères d'Europe. Les Fils du Ciel, en cela aussi bêtes que nous, y perdent parfois des sommes considérables. Ce jeu est en soi très simple. On jette sur une table une poignée de sapèques. Puis le croupier, avec un petit bâton, les retire en les comptant par quatre. A la fin il en reste forcément un nombre égal ou inférieur à quatre. Ce nombre indique le numéro gagnant. Et on joue les « pairs ou impairs », les « transversales », les « verticales », les « horizontales », les « numéros couplés », en un mot tous les systèmes que nous croyons sans doute avoir inventés.

Le soir, nous voulons retourner à bord. Mais

le vent s'est levé. La mer déferle et brise avec force. Le pont de la chaloupe est incessamment balayé par les lames, et l'on est forcé de tout fermer de peur que les feux ne s'éteignent. Nous parvenons bien auprès du yacht qui se balance lentement sur ses ancres, mais nous ne pouvons accoster. — Force nous est de retourner à Macao où nous arrivons tout trempés, à dix heures du soir, sans quoi que ce soit pour nous changer. A l'hôtel américain, on consent à nous donner des chambres, mais on refuse, à cette heure indue, de nous préparer à dîner. Nous sommes obligés, caravane mélancolique, de chercher pâture par la ville. Après avoir erré longtemps, dans les rues boueuses, sous la pluie fine qui tombe, nous finissons par nous échouer dans un restaurant chinois. Et nous y mangeons d'affreuses choses avec un féroce appétit. Le pain seul était bon. Hélas! il y en avait très peu !

Le lendemain, au petit jour, l'état de la mer n'ayant pas changé, nous repartons pour Hong-Kong par le paquebot de service. En passant près du yacht, nous lui signalons de nous suivre et jetons un regard attristé à ces bonnes cabines que nous ne pouvons atteindre, où il y a de l'eau fraîche et du linge sec.

FOU-TCHÉOU

En mer, très loin encore, près de petites îles rabougries qui arrêtent un peu la violence de la mousson, on embarque un pilote chinois. Il est petit et gros, avec une moustache rare, hérissée et grise, un teint de vieux parchemin ridé comme un missel du XVe siècle. Il doit avoir sur lui un tas de vêtements qui rentrent les uns dans les autres, se couvrent, se superposent comme ces boites qu'on vend dans les bazars. Peut-être y en a-t-il parmi eux de fort beaux. Cela se voit en Chine où longtemps avant nous on découvrit l'art des dessous. En tous cas l'extérieur est sordide, fait d'une pelisse ouatée, couverte de taches, bordée d'une fourrure galeuse, chauve bientôt.

La terre apparait, montagnes escarpées et rougeâtres aux sommets noyés dans la brume. Puis c'est la rivière Min avec de nombreuses jonques de mer qui sortent ou qui rentrent, déployant leurs voiles aux formes étranges comme des ailes de papillons. L'avant plonge dans la mer, disparaît incessamment sous la lame, montre, quand il émerge, deux gros yeux peints, deux yeux de monstre, destinés à écarter les mauvais génies, ceux des naufrages et des tempêtes. L'arrière est surélevé, rond, surplombant, s'agite au-dessus de l'eau d'une façon ridicule, avec quelque chose de grotesque et de lourd comme l'arrière-train d'un gros monsieur.

Nous remontons un bras du fleuve qui se faufile entre des montagnes presque à pic, où les Chinois ont pourtant trouvé moyen d'accrocher des rizieres et des champs de blé. Sur des îlots ou au pied des monts, des villages entourés d'arbres verts, des jonques à l'ancre, des sampans. Mais la rivière s'élargit. Les bras se rejoignent avant de se séparer encore, forment une sorte de lac : voici des navires, des chantiers, des usines ; c'est « Pagoda Anchorage » et l'arsenal de Fou-Tchéou.

Le 23 août 1884, ici même, l'amiral Courbet livra bataille à la flotte chinoise et la coula tout entière à l'exception d'un petit bateau d'un faible tirant d'eau qui put s'échapper en remontant le haut fleuve. Aujourd'hui, les couleurs françaises sont représentées au mouillage par le *Jean-Bart*, un de nos croiseurs d'Extrême-Orient. Je tiens de M. le capitaine de frégate H..., commandant en second ce navire, un détail amusant sur ce combat auquel il assista. La veille au soir, l'amiral Courbet avait rompu les négociations et annoncé aux Chinois qu'il allait livrer bataille. Les bâtiments de commerce et les navires de guerre étrangers avaient été prévenus et s'étaient mis à l'écart, laissant ancrées face à face, dans la rivière, les deux flottes ennemies. Dès le matin, les Chinois firent leurs préparatifs. On les voyait pointer leurs canons avec le plus grand soin. Personne ne bougeait à bord des navires français. Courbet connaissait assez ses adversaires pour savoir qu'ils n'oseraient jamais tirer le premier coup de canon. Il attendait son heure. Quand arriva le changement de marée, qui se fait sentir avec une grande violence dans la rivière Min, tous les navires se mirent à tourner sur leurs ancres pour s'éviter au courant. A ce moment, la flotte française ouvrit le feu et la riposte des navires chinois surpris alla se perdre dans les montagnes qui dominent le mouillage de Fou-Tchéou. Quand ils revinrent de leur erreur, ils étaient déjà désemparés par les premières bordées françaises. Une demi-heure après, toute la flotte du Céleste Empire reposait au fond de l'eau.

Les gros bateaux ne peuvent dépasser l'arsenal, et c'est en launch ou en sampan qu'on doit faire les 11 milles qui restent à parcourir pour parvenir à Fou-Tchéou. Le paysage devient de plus en plus pittoresque. Les montagnes s'élèvent, entourent d'une ceinture imposante la vallée où coule le fleuve et que son lit remplit presque en entier aux hautes eaux. A l'époque où nous sommes, les berges que l'inondation a fertilisées se couvrent de rizières verdoyantes où, sur des talus en dos d'âne, passent des Chinois déguenillés. Partout on cultive, on arrose, on travaille. Sur des éminences, sortes de bosses du sol qui précèdent les montagnes, s'élèvent des villages entourés d'arbres et jolis... de loin.

Fou-Tchéou est une immense ville qui s'étend avec ses faubourgs sur une longueur de plus de 10 kilomètres. On croit que la population dépasse un million d'habitants. Ce serait donc à la fois plus grand et moins peuplé que Canton. Le rues y sont plus larges, les maisons moins hautes, la foule un peu moins compacte. Mais que valent ces recensements des grandes villes chinoises? Quelle apparence y a-t-il que personne, même le mandarin gouverneur ou le vice-roi, puisse se reconnaître dans ce grouillement de fourmilière, dans cette population, resserrée à l'excès, de femmes, d'enfants errants, de marchands ambulants ou nomades, de coolies, de sampaniers ?

Parmi les villes les plus sales de Chine, Fou-Tchéou tient une place honorable. Dès que nous y pénétrons, une puanteur nous prend à la gorge, composée d'odeurs innomables de poissons crus ou pourris, de cuisines en plein vent, d'ordures jetées à même la rue, de baquets destinés à un certain usage qui débordent sur les dalles et ne sont jamais vidés. Les tas d'immondices sont parfois si épais et si gluants que nos porteurs y enfoncent, y glissent, tombent sur les genoux, nous faisant courir le risque effroyable d'un bain trop parfumé.

Le vieux Fou-Tchéou s'étend sur les berges de plusieurs rivières et est bosselé de collines que surmontent des pagodes ou des tours. Du sommet de ces édifices on jouit d'une vue superbe. C'est à vos pieds la ville s'étendant au loin avec ses maisons serrées les unes contre les autres dont on ne voit que les toits, et ses rivières couvertes de jonques que traversent d'étroits ponts de pierre. Plus loin c'est le fleuve avec des embarcations à vapeur qui fument et quelques établissements européens aux hautes cheminées d'usine. Plus loin encore, c'est un cirque magnifique de montagnes abruptes derrière lesquelles on en découvre d'autres plus élevées et plus sombres. Sommets aigus qui se perdent dans les nuages ou gros flancs gris aperçus seulement par instants, très haut, dans une éclaircie de brume. La pluie tombe fine et froide, chassée par une tempête qui souffle en raffales. Au-dessous de nous, tout autour de nous, comme derrière cet horizon sauvage, c'est la Chine mystérieuse et hostile, incompréhensible pour l'étranger, avec ses vieilles coutumes, ses vieux préjugés, ses vieux souvenirs, ses vieilles haines. Et de la ville immense que nous dominons jusqu'au sommet de la pagode sainte, montent une rumeur vague et puissante faite de milliers de voix qui hurlent et le relent des ordures que le vent entraîne avec lui.

*
* *

A peu près à mi-chemin entre l'arsenal et Fou-Tchéou, se dresse, au bord de la rivière, une montagne sur le sommet de laquelle est situé un monastère. On traverse d'abord des villages entourés de belles cultures. Sur le pas des portes tout le monde nous regarde avec curiosité, hommes, femmes, enfants, animaux. Puis le chemin s'élève à travers une forêt de pins. L'ascension raide, mais facile, se fait par une bonne route en escaliers dallés de pierre. Au bout de deux heures on arrive au couvent. A chaque tournant du chemin, la vue se montre de plus en plus belle à travers les arbres, s'étendant tantôt vers l'embouchure de la rivière, tantôt vers la ville de Fou-Tchéou. Le panorama de montagnes s'élargit en même temps, montrant au second ou au troisième plan de hautes chaînes et des cimes insoupçonnées. Parfois, au bord du chemin, un kiosque de pierre contient quelque statue du Bouddha chinois, doré, barbu, ventru, grotesque et bon vivant, comme il convient au dieu d'un peuple qui en réalité n'en possède point. Un bonze se précipite, joint ses mains en faisant « chim-chim », nous offre une tasse de thé dans un petit bol et couvre nos chapeaux de fleurs qui sentent bon.

Le couvent — bien entretenu — occupe d'importants bâtiments dans une gorge de la montagne. Partout des parterres, des pièces d'eau où jouent les poissons sacrés, des sources jaillissantes et fraîches. L'une d'elles, au moyen d'une roue, actionne un montant de bois qui, à intervalles réguliérs, frappe une cloche de bronze. C'est la transformation de l'énergie mécanique en prière que nos ingénieurs n'ont point encore trouvée. Partout des dieux grotesques ou étranges devant qui brûlent avec lenteur des bâtonnets parfumés. Personne ne prie du reste. Les rares pèlerins qui gravissent la montagne viennent là, comme un Parisien sceptique chez Mlle Couesdon, pour demander des renseignements sans importance sur leur destinée. Ils agitent et jettent à terre de petites fiches de bois. Selon celle qui tombe la première, on a droit à un carré de papier où est écrit un horoscope. — J'en ai, paraît-il, tiré un excellent. C'est du moins ce qu'un bon moine m'a expliqué par signes, car je n'y ai, comme de juste, rien compris.

Le Père abbé vient au-devant de nous sur le parvis du monastère. Il prend Mme de B... par le bras pour l'aider à gravir les degrés, et nous pénétrons dans la salle du chapitre. Là on nous offre du thé et des fleurs. Le supérieur, qui paraît un bon moine réjoui, tel que les décrivait Rabelais, porte gaillardement ses soixante-dix ans. Il converse avec nous le plus gaiement du monde au moyen d'un interprète et des quatre mots d'anglais qu'il possède. On nous apporte de l'eau tiède pour nous laver et encore du thé, et encore des fleurs. Puis le Père reprend le bras d'une de ces dames et nous guide dans son domaine. Nous parcourons ainsi de fond en comble le monastère, fleuris comme des animaux gras et obligés de nous garer d'une foule de petits moinillons obséquieux qui surgissent dans tous les coins avec des théières et des tasses.

La visite terminée, nous nous reposons dans une chapelle extérieure. Là, dans un site sauvage, au fond d'une gorge où coule une source fraiche, un vieux Bouddha vermoulu contemple, de ses gros yeux peints, le magnifique paysage de la vallée du fleuve et les monts d'en face qui se dorent aux derniers rayons du soleil.

C'est un endroit délicieux pour s'arrêter en songeant aux étrangetés et aux inconséquences de la nature humaine. Que font là ces moines qui ne mangent que des légumes et marchent pieds nus, mais qui ne croient ni à leur religion ni à leur Dieu? Quel est leur idéal? Quel est leur rêve? Est-ce de passer une vie tranquille exempte de passions et de peines? Est-ce un espoir de récompenses futures et d'immortelles félicités? — L'autre jour, dans un de ces temples bizarres dont ce peuple a le secret, avec cet art de tourner au grotesque tout, jusqu'à ces dieux mêmes, je demandais à un Chinois lettré : « Que croyez-vous donc? » Il me répondit : « Le peuple croit aux âmes des ancêtres, mais nous, les gens instruits, nous savons bien qu'il n'y a rien après la mort. » — Je pense en effet que c'est là le dernier mot de leur philosophie. De la vague religion des aïeux ils n'ont conservé qu'une superstition plus vague encore. Mais ils la conserveront toujours parce que c'est une tradition et que, dans ce pays immuable et momifié, on ne démolit pas plus qu'on ne répare. L'esprit s'en est allé, mais la grimace reste.

Je souhaite mieux cependant au vieux prieur de Fou-San. Il était sympathique avec son gros ventre, sa démarche encore souple, sa figure ronde et joyeuse. Nous avons dû le quitter avec une poignée de main et quelques dollars... pour ses pauvres. J'espère qu'il vivra encore quelques années, paisible sur sa montagne, exerçant largement l'hospitalité envers tous ceux qui passent. Dieu — qui est bon — lui fera peut-être la surprise de le recevoir dans un paradis qu'il ne soupçonne pas.

CHAPITRE VII

JAPON

NAGASAKI

Avril 1900.

Une matinée délicieuse et tiède avec un soleil de printemps. A l'horizon, des montagnes petites et gracieuses au profil très pur ; une côte joliment découpée de caps et de baies; des îlots boisés semés dans les flots bleus : c'est le Japon.

La première impression est charmante, et cette rade de Nagasaki est à coup sûr une des plus ravissantes choses qui soient au monde. Les montagnes sont d'un vert attirant; la mer claire et pâle; la rade s'enfonce dans les terres, très étroite, serpentant entre les collines comme un sentier sous les arbres. Et on comprend que si le chenal présente tant de sinuosités, c'est une délicate attention, c'est pour permettre de considérer le paysage sous tous ses aspects, de les comparer, de les admirer, et cela uniquement parce que le Japonais a le sentiment de l'art, aime la nature, est paysagiste. Et l'on se sent de la reconnaissance. Mais halte-là! Le Japon est aussi le pays des choses bizarres et des contrastes. C'est ici qu'on met du poivre dans les bonbons et du sucre dans le potage. Attendons le poivre :

Tout de suite il se présente sous forme d'une chaloupe à vapeur qui se dirige sur nous, très vite, avec des halètements précipités et mécontents. A bord, il y a des messieurs tout petits — ils sont quatre — couverts de galons. Dieu, qu'ils sont laids! Nous nous sommes trop avancés; avons-nous donc oublié la visite? Nous ne devons pas dépasser cette borne, là-bas, sur la rive, cette borne qu'on ne voit pas! Nous pouvons avoir la peste, le typhus, le choléra. — Il paraît que ces messieurs très laids sont des médecins. — « Reculez. — Mais nous ne pouvons pas tourner, c'est trop étroit. — Cela ne fait rien ; reculez tout de même. » Nous reculons. Ces messieurs sont du reste très polis. Ils sourient et saluent de l'air le plus gracieux. Ils saluent tout le monde, le capitaine qui leur dit des sottises, moi, les matelots, le cuisinier, et même, je crois, le singe Jack qui fait des grimaces et qui leur ressemble. — Ils montent à bord, et alors en avant les « shake-hands » et les sourires onctueux. « Monsieur, votre pouls » : un shake-hand. « Capitaine, ouvrez la bouche » : un shake-hand. « Madame, tirez la langue » : un shake-hand. J'ai le vague souvenir de leur avoir dit en français quelque chose de très grossier, quelque chose qui ne rime à rien ; cela m'a valu un shake-hand de plus. — Enfin, c'est fini ! Tout le monde y a passé, les passagers, l'équipage, les boys, le singe. Mais il y a les papiers ! Sont-ils bien en règle, nos papiers ? Et alors on compulse, on compare, on constate, on vérifie. Nous avons perdu trois heures !

Soudain un éblouissement me prend : « Sapristi, me dis-je, nous sommes en France !... »

J'ai eu quelquefois cette illusion au Japon.

∴

Enfin nous voici dans le port. Instantanément le pont est envahi par une foule de gens qui vont s'accroupir partout aux pieds de quelqu'un. On voudrait les renvoyer, mais ils sont si polis ! Et puis il en vient de toutes parts ; il en monte le long des flancs du navire, par les cordages, par les chaînes de l'ancre. Le mieux est d'y renoncer. Tous sortent de leurs poches un tas de petits paquets soigneusement ficelés qui rentrent les uns dans les autres, ne tiennent pas de place, mais contiennent tant de choses ! Sur des carrés de soies multicolores, étalés sur le pont comme des tapis, c'est un amoncellement d'objets extraordinaires, d'ivoires, de bijoux, d'éventails. Et tout le monde s'y laisse prendre, tout le monde achète, nous, les officiers, les mécaniciens, les chauffeurs. Payons notre tribut au pays du bibelot!

Le launch me dépose à terre le long d'un grand quai de pierre que bordent des hôtels, des maisons de commerce, des banques. Cela existe dans tous les ports japonais où se sont établis des Européens; cela se ressemble toujours et cela s'appelle le « bund », invariablement. Une foule de djinrikshas se précipitent vers moi à fond de train, m'entourent, me bousculent avec respect, se disputent ma personne, novice sans doute et ignorante, qui paiera double tarif et se laissera conduire sans regimber chez les marchands où le cheval — qui est aussi le cocher — touche les plus grosses remises. Nous verrons cela plus tard. Je veux d'abord aller au Consulat : « French Consulate ». Mon cheval paraît avoir compris. Il part à fond de train, quitte le bund, dévale par des rues. Mon Dieu! que ces gens-là courent bien! Brusquement il s'arrête. Sur une porte, je lis : « United States' Consulate ». Ce n'est pas cela. Nous repartons. Maintenant nous montons par de petites rues très raides et ombragées. Mon homme est couché sur les brancards, peine énormément, fait des lacets dans l'étroit chemin. Je veux descendre. — Jamais de la vie! — L'honneur professionnel. Il m'arrête encore au consulat d'Allemagne et au consulat néerlandais. Enfin voici le consulat de France. Cela a été un peu long, mais je ne le regrette pas. J'aime ce premier souvenir du Japon, cette promenade autour de villas, dans des jardins fleuris, avec, en bas, la rade étincelante qui s'enfonce dans les terres, toute bleue entre des collines vertes.

LE TEMPLE DE SUKAWA (NAGASAKI)

Des gradins de pierre qui montent tout droit jusqu'au petit sanctuaire où vous attend un cheval de bronze, grandeur nature, qui semble hennir. A droite et à gauche, des maisons de thé, des mousmés rieuses qui font signe d'entrer. Autour du temple, un grand parc allant jusqu'au sommet d'une petite montagne, un parc de camphriers géants au sombre feuillage toujours vert et de camélias grands comme des chênes tout couverts de fleurs rouges. Par-ci, par-là, sous les grands arbres, des cerisiers et des pêchers tout blancs et tout roses, couverts d'une telle abondance de fleurs qu'on n'en peut apercevoir les branches. On dirait des arbres de neige. Un souffle passe : mille pétales s'envolent, roses, blancs, rouges, papillons multicolores voletant au gré du vent. Par une trouée entre les arbres, voici Nagasaki qui s'étend à nos pieds, la ville toute blanche, la rade sinueuse et calme sillonnée de bateaux et, là-bas, entre les montagnes violettes, par un goulet étroit, un petit coin bleu de la mer...

* * *

Chez un bric-à-brac : « Dealer in Curios », car les enseignes sont en anglais au Japon ! Un magasin joli, élégant, propre, avec, par terre, des nattes sur lesquelles on ose à peine marcher; des sabres, des cuirasses, des bibelots, des ivoires, des bronzes, des laques, un entassement de choses vieillottes, vraies ou fausses, artistement rangées. J'ai circulé là-dedans une heure durant, tout tripoté, tout marchandé ; tout est hors de prix ; je n'ai rien acheté. Le marchand me reconduit jusqu'au pas de sa boutique, s'incline jusqu'à terre, sourit, me remercie de ma visite, me souhaite bon voyage. L'homme de mon djinriksha s'incline aussi chapeau bas, d'un air engageant me fait signe de monter en voiture et continue, le sourire aux lèvres, de me traîner en courant par les rues.

∴

Le soir dans une maison de thé. Nous sommes accroupis par terre sur des coussins, dans une grande salle aux murs en papier. Nous avons dû laisser nos souliers à la porte et marcher en chaussettes. Ainsi le veut l'étiquette, de peur de maculer l'exquise propreté des escaliers et des nattes. Devant nous un tas de petites choses : une tasse à thé microscopique, une tasse de saki, un gâteau dans une soucoupe, une mandarine soigneusement épluchée dans une autre, un petit brasero pour me chauffer les mains, un autre pour allumer ma pipe, un tube en bambou pour mettre la cendre. Des mousmés vont, viennent, tombent à genoux et se prosternent, changent les oranges, versent du thé, rient tout le temps. Dans un coin, des musiciennes jouent de la guitare, frappent sur des tambourins. Des « geishas » en grand costume avec des fleurs dans les cheveux dansent des danses du pays. Elles ont onze, douze, treize ans, sont hautes comme ma botte, toutes mignonnes et fluettes, rient quand elles ne dansent pas, car alors elles sont sérieuses, très sérieuses, prennent des mines de chattes impayables, ne plaisantent pas avec leur art.

N'allez pas plus loin : ce qui suit est déplorable... Un de nous est pris d'un besoin pressant! Que faire? Il n'y a que des dames. Il demande à une mousmé de le conduire où vous savez; un endroit très propre, très bien tenu, avec des vases en porcelaine bleue. La petite bonne reste là, regarde. Il hésite : tant pis, il se décide. Alors la mousmé, sérieuse cette fois, s'accroupit, en fait autant... O politesse japonaise!

∴

C'est par un temps effroyable que nous parcourons la mer Intérieure. De gros nuages noirs traînent sur les flots; une brume épaisse obscurcit l'air; et il tombe de l'eau, des torrents. De temps à autre, nous côtoyons une île, de tout près, à la toucher. Alors c'est la vision rapide et vague d'arbres et de vergers, de petits villages très propres sous la pluie qui les inonde, de cerisiers fleuris, l'air étonné de se trouver là, sous cette ondée, dans ce brouillard opaque, sous ce ciel anglais.

Le soir, il nous faut jeter l'ancre. Il fait froid; chaque minute, la cloche du bord teinte comme pour un glas, alternant avec celle d'un autre navire mouillé aussi quelque part, non loin de nous, dans la nuit. D'une île voisine viennent des bruits de gongs, de chants ténus, de voix humaines. Puis c'est une lueur à peine perceptible qui passe, se sauve, s'éteint. Quelque Japonais attardé courant sous l'ondée avec sa lanterne, sa jolie lanterne en papier qui doit être toute trempée...

∴

Kobe, Osaka, Kyoto, Tokyo, toutes ces villes japonaises, grandes ou petites, se ressemblent, ont le même caractère, défient toute description. Ce sont toujours les mêmes maisons à un seul étage, dans des rues bien droites, la même propreté méticuleuse des murs en papier et des nattes, les mêmes temples à la silhouette uniforme entourés le plus souvent de jardins et de places, où des marchands ambulants, avec de grands gestes, appellent la foule. Quand j'arriverais à rendre avec une minutieuse exactitude chaque rue, chaque monument, chaque maison, je n'aurais exécuté qu'un travail inutile, incapable de donner une impression, même approximative, du Japon. Tout cela n'est que le cadre dans lequel se meut le peuple japonais. Et c'est ce peuple même, tel qu'on le voit dans les rues, les théâtres ou les temples, les mousmés vêtues comme des poupées courant sur leurs soques de bois avec un bruit de castagnettes, les cris, les petits sal s, les rires, la gaieté tumultueuse d'une fête des faubourgs, la gravité recueillie de familles entières buvant du thé devant les cerisiers en fleurs, c'est tout cela qui constitue le Japon, non tel qu'il est sans doute, mais tel qu'il apparait à un voyageur de passage. C'est en cela, en cela surtout que résident à première vue la singularité, l'attrait et le charme de ce ravissant pays.

Je me contente donc de prendre parmi mes notes, de-ci, de-là et au hasard, quelques visions rapides, quelques souvenirs plus précis. S'en dégagera-t-il une impression d'ensemble? Je le souhaite sans trop y compter. Un album de photographies ne peut valoir un bon tableau. Il est vrai qu'une consolation me reste : plus ce sera incohérent et plus ce sera japonais.

OSAKA

Osaka est en fête aujourd'hui, soit à cause des cerisiers en fleurs, soit pour un autre motif, soit sans motif aucun, parce que les Japonais sont gais et qu'il y a fête chez eux toute l'année. Sur les places publiques, dans le voisinage des temples, des baraques foraines sont dressées où l'on montre de mirifiques choses, où l'on joue à des jeux drolatiques et bizarres. Ici c'est un lutteur qui dompte à mains plates un poney prétendu féroce. De grands panneaux peints montrent, près de la porte, ce que sera le combat. Un cheval se dresse, les naseaux écumants, les oreilles couchées sur l'encolure, battant l'air de ses pieds de devant, pendant qu'un homme l'étreint pour le terrasser. La réalité est moins effrayante : une pauvre haridelle de cirque, épuisée et domptée d'avance, fait des simagrées et des bonds de commande pour se laisser tomber enfin par fatigue et par habitude, sur un geste de son adversaire. De temps à autre le rideau qui ferme la salle du côté de la rue se soulève, laisse entrevoir à la foule amassée un instant palpitant du combat, puis retombe, ayant fait son office de réclame et de boniment.

Plus loin, ce sont des lutteurs, des gymnastes, des équilibristes, fort adroits du reste. Puis des tirs à l'arc où des mousmés aguichantes ont toutes les qualités et les défauts des demoiselles peu farouches des tirs à deux sous de nos foires. Dans une baraque voisine, des singes domestiqués font des tours. Dans une autre, on pêche, avec des lignes minuscules, de malheureux poissons à demi morts, empilés dans un vivier. On les prend par le milieu du corps, par la tête, par la queue, mais toujours ils se décrochent, et la foule de rire avec de grands signes de joie. Les rues sont pavoisées d'énormes lanternes en papier bizarres et multicolores ; de grands drapeaux flottent au vent et une foule compacte se presse, polie et rieuse, petites mousmés bien coiffées avec leurs jolies robes claires et leurs gros nœuds de soie dans le dos, et gentlemen japonais alliant au Kymono national des casquettes de bicyclistes ou d'affreux chapeaux melons. Et il y a des amours d'enfants, des petites filles grandes comme rien, coiffées en dames avec de hauts chignons et des fleurs, qui marchent sérieuses près de leurs mères et se font, quand elles se rencontrent, de jolis saluts de poupées.

Les jours de fête sont consacrés à une foule de choses au Japon. On va dans les boutiques, chez les saltimbanques et dans les théâtres; on fait de longues séances dans les maisons de thé où l'on boit du « saki » en fumant de petites pipes et où l'on grignote, avec des précautions infinies, fruits au vinaigre et bonbons au poivre. Mais on va aussi dans les temples, dans ceux qui sont particulièrement saints ce jour-là, non pas tant pour y vénérer quelque chose ou y prier quelqu'un que pour s'y promener dans des jardins et contempler du haut d'une pagode un paysage de printemps estompé de brume, où les cerisiers en fleurs mettent des taches claires parmi les feuillages naissants.

Et je suis monté, moi aussi, entraîné par le peuple qui passe, à la grande pagode d'Osaka.

L'escalier est impossible, espèce d'échelle biscornue et étroite entre des murs de bois vermoulus. Beaucoup de petites dames font avec nous ce pèlerinage. On se croise, on se pousse, on se bouscule, on manque de tomber, et alors ce sont des cris aigus et des rires qui ne finissent point. Nous aidons ces dames à monter, les tirant par leurs kymonos, les poussant par derrière, leur pinçant les mollets. Et tout le monde s'amuse follement, les mousmés, leurs maris, leurs frères, et nous-mêmes, saisis, emportés malgré nous dans cette joie générale, dans cette gaieté universelle et discrète, mêlée de politesses, de remerciements, de saluts sans fin.

⁂

Dans toute grande ville japonaise, il est un quartier entier qu'on appelle « yujuba » et que les Européens, je ne sais pourquoi, ont pris l'habitude de nommer « Yochivara ». Chaque maison donne sur la rue par une sorte de cage avec des barreaux de bois comme pour des bêtes féroces. Ce n'est pas cependant qu'elles soient féroces, les petites bêtes qui sont là-dedans ! Vêtues de kymonos somptueux et éclatants, accroupies sur des coussins avec un brasero pour réchauffer leurs mains blanches, leurs petites pipes et leurs tasses de thé, elles sont là dans des postures d'idoles, attendant le client.

Une foule passe dans la rue, foule honnête et respectable que ce spectacle ne choque ni n'étonne. Ce sont des mères venant voir leurs filles, des frères venant voir leurs sœurs, des fiancés venant causer un moment avec leurs fiancées. Personne ne s'agite, ne fait de bruit, ne se croit obligé de se mal tenir ou de se cacher comme dans un mauvais lieu. Que voulez-vous? Il faut vivre! Et quand on aura gagné quelque argent, amassé une dot, on se mariera, on deviendra une bonne mère de famille conduisant, les jours de fêtes, ses enfants par la main aux tombes des héros et aux temples. En attendant, on donne du plaisir, un plaisir discret et poli, aux jeunes hommes qui passent et qui ont de l'argent.

Car c'est seulement dans les ports, dans les endroits où s'est ruée la foule cosmopolite, qu'on a pris de mauvaises manières, et qu'on danse au son des guitares, des danses très inconvenantes pour MM. les Anglais.

∴

La fête des cerisiers a quelque chose de religieux. C'est à cette époque qu'on célèbre dans des sortes de théâtres la « cérémonie du thé » et qu'on exécute des danses spéciales qu'on ne pourrait voir le restant de l'année. Kyoto, l'ancienne ville sainte, est de tout le Japon l'endroit où ces traditions sont le mieux conservées.

Nous arrivons, au trot de nos djinrikshas, par des rues illuminées où se presse une foule. Nous voici devant une porte où l'on fait queue pour entrer. Mais on est très poli ; on s'écarte, on nous laisse passer. Au vestiaire, il nous faut ôter nos souliers; on nous donne des numéros comme à Paris pour les paletots. D'abord, nous entrons dans une salle commune où l'on attend accroupis sur des nattes. Il est de bon ton de saluer très bas ses voisins et ses voisines en s'inclinant les mains sur les genoux. Tout le monde alors vous rend votre salut et cela dure très longtemps, semble cesser pour reprendre de plus belle, avec une perspective de dos aplatis, de chignons compliqués touchant la terre. Et on rit, d'un petit rire contenu, discret et distingué. Nous sommes dans la meilleure société.

C'est prêt. Nous passons par de longs corridors au parquet étincelant dans une salle intérieure. Chacun s'asseoit par terre avec devant soi une petite table en laque haute de 10 centimètres. La cérémonie du thé commence. Une geisha l'accomplit selon les rites, sur une sorte d'autel, avec de méticuleuses précautions. C'est très compliqué. On se sert d'un tas d'objets, d'une cuillère d'argent, de plusieurs théières, d'un pinceau, de petits bâtons, d'un chiffon de soie rouge, et d'un grand bol d'eau tiède où chaque instrument est lavé tour à tour et purifié avant qu'on ne s'en serve. Le thé est prêt. On donne la tasse symbolique à l'un des assistants; puis, de petites geishas en grand costume, avec un énorme nœud dans le dos, apportent à chacun un bol de thé fait simplement à la cuisine. Elles tombent à genoux, posent délicatement le bol sur la petite table, s'inclinent jusqu'à terre. On leur rend leur salut; mais on ne rit plus; cela est très sérieux. Le bol doit être bu en trois gorgées et demie. Allons-y : c'est très mauvais, mais on semble en éprouver une vive satisfaction, car on se fait de grands saluts entre voisins. Puis les geishas, toujours avec le même cérémonial, nous apportent beaucoup de choses bizarres dans des soucoupes. Je me méfie des bonbons, mais il y a une espèce de boule à la purée de marrons qui est très bonne et qu'on mange avec un petit bâton pointu comme un cure-dents.

La dinette finie, nous passons dans la salle de spectacle. Une scène assez vaste éclairée par de grandes chandelles de cire. A droite et à gauche seize geishas font de la musique, chantent des mélopées plaintives, en tons mineurs comme des airs d'église. Mais voici le corps de ballet qui fait son entrée. Trente-deux danseuses vêtues pareillement de grands kymonos rouges et bleus brodés d'or. Les robes sont très longues, traînent jusqu'à terre; c'est de loin en loin seulement qu'on aperçoit entre les étoffes chatoyantes l'extrémité d'un pied nu. — Et c'est infiniment joli de voir ces poupées, avec un ensemble merveilleux, s'agenouiller ou se redresser, fermer ou écarquiller leurs petits yeux bridés, faire des gestes mignards avec leurs mains très blanches, agiter au-dessus de leur tête un éventail, une rose, une branche de cerisier en fleur. Elles paraissent et disparaissent; les décors changent, mais restent dans le même esprit. Ce sont toujours des paysages de rêve, des perspectives de jardins et de bois illuminés avec des petites maisons et des pagodes, mais le tout perdu, comme enfoui, sous une végétation folle de chrysanthèmes échevelés, de roses dont un seul pétale suffit à cacher un palais.

Ce peuple est vraiment étrange et, par bien des côtés, incompréhensible pour nous; mais il est artiste jusqu'aux moelles dans tout ce qu'il aime et dans tout ce qu'il fait, dans la finesse de ses ivoires, dans la grâce de ses porcelaines, dans ses ciselures et ses laques d'or, comme dans les danses de ses geishas.

∴

Nous habitons à Kyoto un hôtel japonais tout à fait modernisé : un grand hall avec des affiches de paquebots, des salons éclairés à la lumière électrique, une salle à manger pleine de gens en smoking et d'Américaines décolletées, où l'on nous sert des repas aussi mauvais qu'en Angleterre. Nos chambres sont au rez-de-chaussée et donnent sur un jardin. Elles sont coupées en deux par des cloisons en papier. Portes et fenêtres, en papier également, glissent dans des rainures. Par terre, des nattes très propres, souples et douces aux pieds comme des tapis d'Orient. Il y a peu de meubles : un lit, une chaise, une toilette, une table. Mais bientôt cela s'encombre d'une quantité de bibelots que nous achetons chaque jour, d'armes, de bronzes, d'ivoires, de laques; et cela prend un air bric-à-brac et désordonné qui nous semble très japonais.

On est fatigué le soir quand on a circulé toute la journée par la ville, visité douze ou quinze temples, marchandé des centaines d'objets très chers dont on a très envie. — Mais allez donc dormir dans un hôtel japonais ! Avec ces murs en papier on entend tout ce qui se passse. Et il doit se passer de curieuses choses si j'en juge par les rires qui résonnent dans toute la maison. — Justement voilà mes glissières qu'on tire ; une mousmé, deux mousmés qui entrent. Qu'est-ce qu'elles veulent, ces poupées? Elles saluent très poliment, en riant, comme bien vous pensez. Elles vont à la toilette qu'elles nettoient; c'est gentil ; mais je trouve l'heure mal choisie. Et elles mettent un temps! Ne vont-elles pas s'en aller bientôt? Maintenant les voilà près de mon lit qui saluent et qui rient. Je crois comprendre... Ah ! mais non, mes petites dames, pas ce soir ; je veux dormir, moi ! Elles rient toujours. Je me décide à me lever.

Doucement, par les épaules, je les reconduis jusqu'à la porte. Et là, en chemise, ployé en deux, les mains sur les genoux ; « Bonsoir, Mesdames, bonsoir ; Soïonara. »

*
* *

Il y a bien des temples à Kyoto, une centaine, je crois. Le plus vieux de tous, le plus vénérable et le plus beau est celui de Shina-Shoni. Il ne faut pas considérer un monument japonais comme une chose unique. C'est au contraire un ensemble de bâtiments disposés sur un grand espace dans un ordre qui souvent nous échappe. Ici ce sont des édifices immenses entourés de cours et de jardins. Un sol de parquets brillants et de nattes blanches où on glisse sans bruit. Des colonnes de bois laquées d'or, des peintures sombres dans des salles où nul ne pénètre, des peintures qui semblent toutes noires sur des fonds d'or. Au-dessus des portes, des pièces de bois énormes qui sont des merveilles, faites d'un seul morceau, sculptées à jour, fouillées autant en profondeur qu'en largeur, et représentant des feuilles entrelacées, des chrysanthèmes aux mille pétales, de larges lotus, des roses d'or. Et toujours ce mot « or » revient dans chaque phrase comme un « leitmotiv » quand on veut décrire ces monuments japonais. C'est en effet un des caractères qui vous frappent cette richesse d'ornementation, cette splendeur des détails dans la pénombre voulue des salles, ces éclats métalliques qui tirent l'œil, au milieu de sombres choses, dans des recoins cachés. On rencontre des endroits solitaires où une petite lampe brûle devant un autel. On entrevoit des peintures et des laques, des sculptures encore et des porcelaines, des bronzes et des dragons. Et c'est mystérieux et étrange, angoissant comme une énigme, tel que devait être ce temple qu'un philosophe de l'ancienne Grèce fit élever au « Dieu inconnu ».

Quand on sort de là, on trouve un jardin délicieux, une miniature de petit jardin, qu'on n'avait pas aperçu tout d'abord. On s'y arrête, ému du contraste, charmé de l'air pur et de la lumière, des rayons du soleil qui jouent dans les branches. Dans une pièce d'eau minuscule, de grosses carpes attentives guettent le passant, s'avancent en bataillons serrés quand on frappe dans ses mains. Au-dessus, de grands arbres se penchent, cèdres séculaires aux troncs couverts de mousse, camélias aux larges fleurs rouges, bambous verdoyants dont les feuilles légères tremblent au moindre vent.

∴

Dîné un soir dans un restaurant japonais. La fête a été organisée par le secrétaire particulier du gouverneur qui a tout commandé. Toujours la cérémonie du déchaussement, bien entendu. Nous passons devant une salle commune où des gens, assis par terre, dînent comme au café Anglais, et nous nous rendons dans le cabinet qui nous est réservé. Des coussins nous attendent, disposés sur les nattes à côté de grandes chandelles de cire. On apporte à chacun une petite table en laque rouge, haute de 10 centimètres, large de 20. Dessus, dans un bol, une soupe où nagent une foule de choses, une tasse minuscule pour le saki, un plat contenant des morceaux de poisson cru et des boulettes de riz, enfin deux petites baguettes, dont nous nous servons maladroitement. Nous pignochons au hasard dans tout cela. C'est exécrable, mais très amusant. Des geishas de douze à quinze ans, en grand costume, avec leurs jolies coiffures compliquées constellées de fleurs, sont à genoux devant chacun de nous, versent au moindre signe du « saki », qu'on tient toujours chaud dans des bouteilles de porcelaine. Chaque fois elles font un grand salut.

Puis arrivent à la file une quantité de plats dans des bols ou des soucoupes, des poissons de toutes les espèces, bouillis, grillés, fumés et crus. Nous sommes environnés de choses bizarres que nous goûtons consciencieusement et avalons difficilement. Et toujours la petite geisha, en face, qui verse à boire et qui sourit, montrant des dents très blanches entre des lèvres laquées.

Parfois un incident : S... pousse un hurlement, ayant mordu dans du piment, croyant que c'était un gâteau; Mme de B... fait la grimace après avoir avalé d'un trait l'assaisonnement de la salade, qu'on lui avait servi dans une petite tasse à poupée.

Pendant qu'on dessert, nous passons dans une seconde pièce. Les geishas nous accompagnent, s'installent entre chacun de nous, examinent avec des airs de chattes étonnées tout ce que nous avons dans nos poches, nous épluchent des oranges et en grignotent elles-mêmes énormément, en déposant avec le plus grand soin les pépins dans la peau. Mais la musique se fait entendre, on tire les cloisons en papier : nous allons assister à des danses particulières, tout ce qu'il y a de plus distingué au Japon.

Comme ouverture, nos petites geishas exécutent à la diable deux ou trois danses insignifiantes au milieu de l'indifférence générale. Ce n'est qu'un prélude. Elles reviennent bien vite sucer des oranges et cèdent la place aux deux meilleurs sujets de Kyoto.

C'est d'abord une toute petite qui a quatorze ans et une figure d'enfant. Avec un art étonnant, elle mime une scène de séduction et d'amour. Elle tient une fleur à la main, la respire avec passion, l'agite au-dessus de sa tête, la laisse tristement tomber à terre, avec des gestes justes et sobres de ses bras ployés, de ses mains jointes, de tout son corps, et jusque de ses petits pieds nus entrevus sous le long kymono. Puis elle prend un éventail, s'évente, fait la coquette, repousse je ne sais qui, tombe à genoux suppliante, du doigt implore le silence et finit sa danse dans un sourire d'amour et un long prosternement.

L'autre geisha est plus grande. Ce n'est plus une enfant ; c'est une femme. Elle a dix-huit ans et un amant qui est actuellement, paraît-il, à l'Exposition universelle. Celle-ci nous représente

— est-ce un symbole? — le désespoir de l'amour malheureux. En vain elle se fait attrayante et souple, en vain elle emploie les sourires et la grâce féline, la colère même, son amour la fuit et, pauvre fleur délaissée, tombe tristement dans un coin. Alors, auprès de cette fleur qui symbolise tout ce qu'elle aime, tout ce qu'elle a perdu, elle s'agenouille et pleure, la pauvre abandonnée. Ses gestes, sa démarche, sa pose, disent tous les désespoirs, tous les désirs, tous les immortels regrets... Mais tout change : subitement elle est devenue gaie, alerte, rieuse, gamine comme une enfant, avec quelque chose de forcé pourtant et d'étrange. Elle s'amuse d'un rien. La voici qui, avec son éventail, poursuit et chasse un papillon. Hélas! son cerveau, comme son cœur, a succombé au désespoir : la pauvre fille est devenue folle. Par deux fois elle tient le papillon pris par terre sous son éventail. Mais — n'est-elle pas folle? — elle ne sait le garder. Elle lève l'éventail et, de nouveau, le papillon s'envole, cette fois pour ne plus revenir. Cela lui a rappelé sa propre histoire. Avec le papillon sa folie a disparu. Elle se souvient de tout, maintenant, et, dans un grand geste tragique, s'écroule évanouie.

Je crois qu'il est impossible de mettre plus

d'art dans une danse, d'y déployer plus de grâce et de sentiment. Où sont nos danseuses avec leurs pointes et leurs sourires stéréotypés! Laquelle saura, avec le seul secours de son corps et d'une musique monotone, nous donner l'impression d'un drame délicieux et poignant? Il me semble que la danse doit être un moyen d'allier la beauté des formes à l'harmonie des sons, et que son plus grand attrait réside dans la grâce, l'attitude et le charme, pour faire rêver comme un poème et bercer comme une chanson.

Nous faisons naturellement venir les danseuses et nous les complimentons par l'intermédiaire de notre ami japonais. Hélas! la grande artiste ne semble pas du tout pleurer son amant. Elle est gaie comme un pinson. La voilà, au bout d'un faible instant, installée sur mes genoux et s'appliquant à nous apprendre la « djonkina », une danse très simple et enfantine, mais terrible par les sous-entendus qu'elle suppose chez quiconque connaît la façon dont on l'exécute à Yokohama. Cette endiablée petite geisha a mis le feu aux poudres. Les autres sont trop jeunes pour qu'on puisse penser à mal, mais elles sont grisées de jus d'orange et complètement déchaînées. L'une s'amuse énormément à tirer les moustaches de G..., pendant que deux autres, accroupies à terre, commettent d'affreuses petites saletés en faisant naviguer des peaux de mandarines dans un verre de bière et en soufflant très fort pour faire avancer leur vaisseau. Nous sommes revenus au temps heureux de notre enfance. Nous jouons à quatre pattes avec des poupées. Mais tout a une fin. On décampe. J'embrasse ma petite amie, qui m'a décidément appris la « djonkina », et chacun, bien sagement, va se coucher chez soi.

∴

De Kyoto, en une heure et demie de chemin de fer, on se rend à Nara, antique cité qui était, il y a mille ans, la capitale du Japon et la résidence du Mykado. Il ne reste rien du palais impérial sur l'emplacement duquel on a construit un temple. La population a aussi considérablement diminué. Quant au caractère ancien, il a également disparu, les constructions de bois n'ayant pas une semblable longévité.

Quoique déchue, la vieille ville a conservé de sa splendeur passée deux temples fameux qui attirent aujourd'hui la curiosité des touristes.

L'un renferme un Bouddha de bronze d'une taille colossale, le plus grand, je pense, qui soit au monde. On nous fait remarquer que le temple ayant été détruit par un incendie, on dut remplacer la tête qui est plus moderne : — elle ne date que de six cents ans! — Le tout est recouvert d'une poussière vénérable qui semble aussi séculaire et est entouré de vieux objets aux formes étranges, vases, dragons, candélabres bizarrement contournés.

L'autre temple est peu de chose par lui-même, mais charmant à visiter à cause du parc immense et superbe qui l'entoure. Des cèdres et des pins colossaux, vieux de bien des siècles, y poussent de tous côtés cachant sous leurs branches noueuses de gros camélias en fleurs. Des escaliers aux grandes perspectives droites s'enfoncent dans la verdure. Toutes les allées sont bordées de colonnes de grès couvertes de la mousse des âges, dont le sommet contient une petite niche. A certaines fêtes, une lampe est allumée dans chacune de ces pierres, et ce doit être un spectacle féerique que celui de l'illumination de ces vieilles choses, sous ces vieux arbres, avec la foule japonaise gravissant, dans l'obscurité de la nuit trouée de mille étoiles, les vieux escaliers vermoulus. Des cerfs apprivoisés parcourent ce parc en tous sens, se promènent dans les allées au milieu des passants, viennent se frotter contre vous et vous lèchent les mains pour avoir des gâteaux.

C'est également le seul endroit du Japon où se dansent encore les vieilles danses sacrées. Des jeunes personnes vêtues de rouge avec une sorte de surplis, des bandeaux plats, au lieu de la jolie coiffure japonaise, et un abominable plumet sur le devant de la tête comme en ont les chevaux de corbillard, vont, viennent à pas comptés, s'agenouillent ou se relèvent, agitent une petite clochette et retournent s'asseoir à leur place, immobiles, semblables à des idoles avec leurs figures peintes en blanc. Deux moines, devant un pupitre, les accompagnent en chantant quelque chose d'à peu près aussi gai que le *De Profundis*. C'est peut-être très curieux; c'est sûrement très antique, mais ce n'est pas joli. Je préfère les geishas.

⁂

Une autre excursion est classique aux environs de Kyoto : celle qu'on appelle la promenade des Rapides. En cinquante minutes de chemin de fer, on arrive au point où se trouvent les bateaux, de grandes barques à fond plat que six rameurs manœuvrent avec une extrême adresse. Aussitôt l'amarre larguée on est entraîné par un courant de foudre.

C'est alors, une heure durant, une course folle au milieu des rochers et des chutes, dans une gorge profonde où le torrent roule entre des montagnes. La barque bondit et retombe, entourée de véritables vagues, comme sur une mer en furie, avec de grands éclats d'eau qui fouettent le visage, inondent les vêtements. Parfois, à la vitesse d'un express, on se dirige droit sur quelque énorme roc où il semble qu'on va se briser; mais un coup de perche ou d'aviron donné au bon moment vous font dévier et passer comme une flèche à quelques centimètres de l'obstacle. Cette course n'offre aucun danger, étant donnés l'adresse, le sang-froid et l'habitude consommée des hommes qui nous guident. Cela n'en est pas moins attrayant et un peu émotionnant, par la pensée qu'une seconde de retard dans une manœuvre peut tout perdre. Le paysage est très beau. A la fin des rapides, la rivière s'élargit, forme une sorte de lac. C'est un lieu de plaisance pour les habitants de Kyoto. Des montagnes aux jolies formes harmonieuses se dressent couvertes de pins ou de hêtres parmi lesquels poussent des cerisiers en fleurs et quelques camélias. Et cela donne une tonalité charmante et variée, comme celle de nos vieilles forêts en automne si, par un caprice du sort, elles se trouvaient, à cette époque de l'année, inondées de roses rouges, d'aubépines fleuries dont les pétales détachées s'envoleraient pêle-mêle avec les feuilles mortes.

Les Japonais viennent là en partie de plaisir. Des restaurants sont bâtis au bord de l'eau. On s'asseoit et on passe son temps à boire du saki et à contempler le cherry-blossom. Ces joies, dont l'une au moins est pure, suffisent au bonheur de toute une journée.

Non loin, se trouve un établissement de bains avec une grande piscine chaude en hiver, froide en été. Messieurs et dames s'y baignent ensemble dans le costume de nos premiers parents. C'est un endroit très couru des geishas, qui viennent y plonger dans l'onde pure, sans crainte et sans pudeur, leurs sveltes corps de demi-vierges.

∴

Après une mauvaise nuit passée en chemin de fer, je me réveille au petit jour, pour découvrir par la portière le Fusi-Yama dressant en face de moi son énorme cône qui semble sortir seul et sans contreforts de la plaine qui l'environne. Tout le monde a vu sur des paravents son aspect pointu, son épaisse calotte de neige qui descend jusqu'à son pied, pendant que de son sommet glacé s'élève une petite fumée, mince panache qu'agite le vent. Mais, ce matin, il fait encore noir, et le colosse paraît tout proche, se profile seul nettement au milieu du paysage à peine entrevu qui l'entoure. Soudain, le soleil se lève, quelque part, là-bas, sur la mer. On ne le voit pas; la nature reste sombre, mais le sommet du pic s'éclaire graduellement. C'est d'abord une flamme, un éclair qui jaillit de la pointe; puis, peu à peu, cela s'étend, cela s'allume comme une lampe électrique où le courant arrive progressivement. Bientôt tout le cône est en feu, éclatant de lumière dans le ciel bleu pâle, presque gris. Et c'est un spectacle inoubliable que celui de cette masse de neige, rouge, étincelante comme un brasier, au milieu de la plaine sombre encore où courent, s'accrochant aux arbres, les derniers brouillards de la nuit.

TOKYO

Dix heures du soir.

Grande toilette, habit, cravate blanche; ces dames décolletées; des perles et des diamants partout. Nous arrivons à l'ambassade de Chine où il y a un grand bal. De jeunes attachés d'ambassade chinois, longues robes et longues queues, ne parlant ni anglais ni français, offrent le bras aux dames pour les mener au vestiaire. — Des salons nus, meublés à l'européenne, avec lumière électrique. Un hall où des Américaines flirtent déjà; une pièce spéciale pour les hommes : tables de poker, gros cigares enveloppés d'argent. On joue des valses, des quadrilles, des polkas. Des officiers de marine de toutes les nations du globe, des attachés militaires en grande tenue, des ambassadeurs, des princes. Des officiers japonais constellés de décorations, parfois la figure balafrée d'une blessure de la dernière guerre, l'air militaire malgré l'obligatoire sourire. Toutes les femmes du corps diplomatique au complet : la jolie Américaine mistress T..., la belle Mme de V..., de l'ambassade d'Allemagne, etc., etc. Quelques

Japonaises en costume européen, très laides et très gênées. D'autres gentilles dans le kimono national, des kimonos très simples, noirs avec des revers blancs, tel qu'il est de bon ton de les porter dans la haute société. Comme langue générale, le français ou l'anglais ; mais aussi du japonais, du chinois, du russe, de l'italien, de l'espagnol, de tout.

A côté de moi, deux Japonais, très importants, se saluent beaucoup en causant. Je ne comprends pas, mais je commence à être assez au courant des mœurs du pays pour deviner, en partie, ce qu'ils disent : « Oserai-je lever mes yeux de ver de terre vers l'éclatant soleil de votre visage? — Par suite de quelle félicité, mon infâme personne a-t-elle le prestigieux bonheur de rencontrer votre admirable, unique et magnifique Seigneurie? — Ma très modeste, très insignifiante et très vulgaire femme, met ses hommages aux pieds de votre délicieuse, adorable, étincelante moitié. » Ainsi parle-t-on quand on est bien élevé.

Avant le cotillon, dans les salons du premier étage, un souper par petites tables. On mange de bonnes choses, du foie gras et des truffes, à l'européenne, sans petits bâtons.

*
* *

20 avril.

Déjeuner à l'ambassade de France. On part à deux heures pour se rendre dans un des jardins de l'empereur où a lieu la fête des Cerisiers. Nous sommes affublés de redingotes zébrées de plis dans le dos et de chapeaux hauts de forme achetés au poids de l'or à Yokohama. Tout le corps diplomatique au complet et les Japonais importants.

Trois heures : le cortège fait son entrée. En tête, l'empereur dans un costume qui rappelle celui de nos officiers d'artillerie; assez grand, barbu, très laid, marche les pieds en dedans, rend comme un automate les saluts que nous lui faisons. L'impératrice, en toilette européenne, l'air d'une petite momie, d'une poupée mal attifée. — Des princes, ensuite, en costumes militaires, et des princesses, toutes bien vilaines dans leur déguisement européen, sauf la princesse K..., en robe rouge, charmante. Tout ce monde fait le tour des jardins, sous les cerisiers doubles, précédé de chambellans en bas de soie et en habits à la française. Il fait très froid; le vent souffle avec rage, et les pétales de fleurs volent en tout sens, s'enfuient dans les airs devant cette mascarade du vieux Japon modernisé.

Dans une sorte de grand hangar où un lunch par petites tables est préparé, l'empereur, l'impératrice, les princesses s'arrêtent, et le corps diplomatique défile pour les saluer. Un interprète dit quelque chose ; on s'incline plusieurs fois, très bas ; l'empereur fait : « Hum ! hum ! hum ! » l'impératrice ne fait rien du tout. La princesse K..., qui sait l'anglais, dit quelques mots à Mme de B... Elle se souvient que son mari a été autrefois reçu chez elle et remercie.

Maintenant on est assis et on mange. On sert des truites, des viandes froides, du foie gras, des gâteaux, du champagne, des glaces. A une grande table isolée, au bout de la salle, les personnages princiers sont assis, ne prennent rien. Ils en ont assez. L'empereur fait signe qu'on reste, qu'on continue à manger, qu'on ne se dérange pas, et il file avec sa suite. L'impératrice, maintenant, ravie que ce soit fini, est presque dégelée. C'est en faisant de tous côtés de petits saluts gracieux qu'elle passe au milieu de nous, suivant son mykadonal époux.

Et devant cette scène où il y a de la grandeur

et du grotesque, de vieux usages et des modernités, un amalgame bizarre de choses disparates juxtaposées sans être mêlées, on ne peut s'empêcher d'évoquer le temps où le Japon n'avait ni télégraphes, ni chemins de fer, ni cuirassés, ni dettes, où cette même fête se produisait au même endroit, à la même époque, sous les mêmes cerisiers en fleurs, mais où les femmes étaient vêtues de ces vêtements de rêve qu'on ne voit plus aujourd'hui que dans les musées ou les temples. Alors, quand le Mykado passait, fils du Soleil, l'égal d'un Dieu, nul parmi les foules prosternées ne devait entrevoir son visage, sous peine d'avoir la tête tranchée sur place par le sabre d'un samouraï.

NIKKO

C'est une bien jolie vue que celle dont on jouit des fenêtres de l'hôtel de M. Kanaya à Nikko. Ma chambre proprette et blanche, — comme toute chambre japonaise, — donne sur une véranda vitrée qui fait face à la sainte Montagne. A mes pieds, très bas dans le fond, coule un torrent dont le bruit monotone me berce le jour, m'endort la nuit. Je perçois même, arche sanglante sur des flots d'argent, le pont en laque du Mykado, le pont rouge où nul ne peut passer que l'empereur, soit que, vivant, il se rende en pèlerinage aux tombes de ses ancêtres, soit que, mort, il aille à son tour se coucher auprès d'eux.

En face, collée au flanc des monts, c'est la forêt noire, la forêt trois fois séculaire de cryptomérias et de cèdres géants. Quelque part, dans ces branches, sous cette ombre, s'élèvent des temples immenses, des temples de bronze, de laque et d'or. Mais on ne les voit point. Leurs toits les plus pointus, leurs flèches les plus élevées disparaissent dans tout ce feuillage, se perdent dans l'ombre de ces arbres si touffus et si hauts. Par derrière, très rapprochée encore, fermant l'horizon à petite distance comme pour empêcher le regard de se perdre en des perspectives trop vastes, c'est la ligne des montagnes dénudées ou couvertes de broussailles rougeâtres avec, sur les sommets, de larges plaques blanches qui sont des glaces et des neiges. On ne peut rêver un spectacle plus enchanteur que celui de ce paysage, le soir, quand le soleil a disparu derrière les glaciers. Le ciel est encore clair, car l'astre du jour n'est couché que pour nous. Mais il fait nuit dans le ravin où le torrent, longue bande d'argent, pousse toujours sa plainte monotone. La forêt des vieux cèdres est d'un noir d'encre, d'un noir sinistre, ressemble à certains paysages de l'Enfer du Dante illustré par Doré. On sent qu'il se passe là des choses mystérieuses et étranges, qu'on y vénère des idoles bizarres dans la fumée de l'encens, au bruit de lourdes cloches de bronze. que des esprits, des démons, des fantômes doivent y errer dans les temples et sur les tombes. Les montagnes du fond sont toutes bleues ; les neiges étincellent encore ; et tout cela, étant très proche, se découpe avec une netteté merveilleuse sur un ciel d'or, un ciel de rêve, un ciel japonais qui ressemble à ces émaux antiques dont le secret s'est perdu.

Pour se rendre à la Montagne sainte, on franchit le torrent sur un pont de bois, le pont de tout le monde, qui est à une cinquantaine de mètres du pont en laque des Mykados. Tout de suite on se trouve au pied de la forêt. — Il y a, sur ces vieux arbres, une jolie légende : quand on construisit les monuments sacrés, les shoguns, les daïmios, tous les grands seigneurs du Japon féodal, firent des présents considérables en or et en objets précieux. Un daïmio était trop pauvre et ne pouvait faire un don digne de lui. Il se contenta d'envoyer ses vassaux planter sur les flancs de la montagne des petits cryptomérias. Ce sont ces arbres qui ont aujourd'hui trois cents ans et qui constituent certainement le plus beau cadeau qu'on ait fait aux dieux.

Je ne crois pas que nulle part ailleurs on puisse trouver pareille réunion d'arbres géants avec leur troncs lisses et droits comme des colonnes, leur formidable hauteur, l'enchevêtrement de leurs branches, qui fait régner partout une obscurité triste et grave, comme il convient à un lieu où on vénère l'âme des morts.

De grands escaliers droits aux marches de granit permettent de monter dans cette forêt. Le torrent mugit derrière vous. A droite, à gauche, partout, des ruisseaux, des cascades, des sources qu'on ne voit pas, font entendre leur éternel bruissement qui s'élève sous la voûte des arbres comme un chant religieux. Quand on a monté quelque temps, le chemin s'élargit. Maintenant c'est une immense avenue en pente très douce au bout de laquelle étincelle quelque chose qui est un temple. On passe sous deux ou trois portiques en pierre ou en bronze de la forme consacrée au Japon et on arrive à la réunion d'édifices qui constitue le premier sanctuaire. C'est d'abord une tour carrée à sept étages, toute en laque rouge, avec des ornements de bronze doré finement ciselé. Quatre cryptomérias l'entourent, luttent avec elle de hauteur, la dépassent, lui font un décor merveilleux de verdure et d'ombre.

De nouveau, de grands escaliers de granit se présentent, permettent d'accéder à plusieurs terrasses successives taillées à même dans la montagne, surplombées toujours de la grande forêt sombre. Sur chacune de ces terrasses, des portiques, des portes, des monuments séparés qui sont des magasins où l'on garde des choses précieuses, des armes, des casques, des étoffes merveilleuses et passées ayant appartenu à des prêtres, à des impératrices, à des rois, des chandeliers et des brûle-parfums de bronze, des laques d'un incalculable prix. Et l'extérieur de ces monuments est toujours le même; toujours des laques rouges constellées de ferrures, de cuivres ciselés, de bronzes damasquinés d'or. Des bois sculptés, des porcelaines représentant mille figures variées enrichissent les frises; et toujours, partout, se reproduisent les trois feuilles des shoguns, aussi bien dans la masse de fer qui couronne le pignon d'un toit que dans la tête d'un petit clou imperceptible maintenant une pièce de cuivre dans les soubassements du bâtiment. Rien n'est dédaigné, rien n'est négligé; et l'on découvre des objets d'un détail charmant, des damasquineries et des laques, dans des endroits presque invisibles, dans les recoins les plus cachés.

Sur la dernière terrasse se trouve le temple proprement dit. Des prêtres sont assis sur le parvis, se chauffent les mains à un brasero, ou écrivent avec un pinceau sur de longues bandes de papier. — On nous permet d'entrer après nous avoir fait déchausser. Alors nous sommes saisis par la richesse inouïe du sanctuaire, par les étincellements d'or qui viennent des colonnes, du plafond, des murs, dans la demi-obscurité du saint lieu. Les cloisons sont des panneaux de laque ou de bois sculpté d'une inestimable valeur; les plafonds à caissons et à encorbellement sont tous semblables, représentent des chimères enroulées sur un fond vert sombre. Les montants sont en laque noire incrustée d'or. Ici le souci du détail est poussé à l'extrême. Les encoches qui permettent de tirer les panneaux sont en bronze damasquiné; les têtes de clous ciselées avec de l'émail, sont de vieux cloisonnés. Le temps a donné à toutes ces choses une demi-teinte douce et charmante. Les peintures se sont fondues, les bronzes ont pris une patine plus sombre, le rouge des colonnes s'est un peu terni, et seules ont conservé intact leur éclat, les inaltérables laques d'or qui brillent dans la pénombre comme autant de soleils.

Quand on a traversé l'édifice sacré, on s'engage sur un long escalier de granit, aux lourdes balustrades de pierre, qui s'élance seul dans la forêt et grimpe, sous les vieux arbres, les flancs ardus de la montagne. La montée est raide. Les temples ont disparu; la forêt paraît encore plus triste et plus sombre en sortant de cet étincellement d'ors et de laques précieuses. Enfin on atteint une sorte de plate-forme; on contourne un petit monument tout simple où un bonze est en prières devant un autel et on arrive au tombeau. Presque rien, ce tombeau : un balcon de pierre entourant une terrasse sans ornements avec, au milieu, une tourelle basse que gardent deux chimères.

Et je trouve admirable la conception qui a voulu, après avoir entassé en bas tant d'or et de richesse, que la tombe du héros qu'on vénère soit une simple chose de granit et de bronze perdue très haut dans la forêt. — Peu de visiteurs montent jusque-là. La plupart des fidèles s'arrêtent aux parvis du sanctuaire. Il règne une obscurité triste, un grand calme que viennent seuls troubler le bruit d'une cascade invisible, la plainte monotone du vent dans les grands arbres. Oh! les heures délicieuses qu'on doit pouvoir passer là l'hiver, quand le givre couvre les branches, que la neige jonche la terre, que la tempête passe en sifflant entre les vieux troncs noirs! Quel endroit pour laisser sa pensée s'engourdir doucement dans le rêve et dans l'oubli...

∴

Pendant vingt heures nous filons à toute vapeur le long de la voie ferrée qui relie Utsunomya et Aomori à l'extrémité nord du Japon. La ligne d'abord s'élève, atteint une altitude de 1.100 pieds. Le paysage est pittoresque. Au-dessous de nous, au fond de profondes vallées, ce sont des champs cultivés et d'innombrables villages drôlement perchés, avec une grâce précieuse, qui semblent placés là pour l'effet. Les ruines d'anciens châteaux féodaux, aujourd'hui démantelés, se dressent sur les crêtes. Et au loin, en face de nous, presque au niveau de la ligne, c'est une chaîne ininterrompue de montagnes pointues couvertes de neige uniformément. Mais on redescend bientôt. A partir de Sendaï, nous nous maintenons au bord de la mer dans un paysage monotone et triste de pays du Nord où règne encore l'hiver. Le temps se refroidit à mesure que nous nous élevons en latitude. Adieu les arbres aux jeunes pousses vertes, les camélias, les cerisiers en fleurs. De larges plaques neigeuses couvrent certains champs, emplissent les fossés aux abords de la voie. Le train passe à chaque instant sous de longs tunnels en bois destinés à préserver la ligne de l'envahissement des neiges. Enfin voici Aomori, un paysage de Norvège ou d'Islande, une grande baie aux eaux pâles, dans un ciel pâle, avec des montagnes toutes blanches, et un soleil d'hiver, un soleil froid, sous lequel s'amoncellent au large de longs rubans de brume.

∴

Morooran, dans l'île de Yeso. Est-ce encore le Japon ? Des montagnes couvertes d'arbres dépouillés de leurs feuilles, un vent glacial, des cimes neigeuses, des volcans pointus qui fument. Une petite ville dont toute l'industrie est dans les mines de charbon. Accompagné du P. R..., missionnaire français, je vais visiter un village d'Aïnos. Ce sont des sauvages, les vrais habitants de cette île que les Japonais ont colonisée depuis peu. Ils sont sales, vivent pauvrement dans des huttes, ont de longs cheveux et de grandes barbes. Les femmes, — qui ne seraient pas laides, — portent une énorme moustache tatouée sur la lèvre supérieure. Elles travaillent aux quelques champs que la famille possède, pendant que les hommes se livrent exclusivement à la chasse ou à la pêche, aux sports d'agrément, m'explique le missionnaire. Ces gens n'ont rien de la race jaune. Ils ressemblent à des Cosaques et durent venir de Sibérie à des époques lointaines, pour occuper cette île, d'où ils se répandirent, dit-on, dans tout le Japon, il y a bien des siècles. Maintenant ils diminuent, succombent aux maladies et à l'absorption étrangère, sont destinés à disparaître comme toutes les races vaincues.

Si Morooran n'est qu'une bourgade, Hakodate, un peu peu plus à l'ouest, est une grande cité de 80.000 habitants. Pleine de mouvement, sillonnée de tramways, construite sur un isthme, entre deux mers, au bord d'une baie magnifique, cette ville serait un lieu de séjour fort agréable s'il n'y faisait pas si froid. Mais, habitués aux chaleurs tropicales, nous frissonnons dans le vent glacial qui souffle sans discontinuer. Une visite à la mission, sur une hauteur, tout en haut de la ville, avec une vue superbe ; une visite aussi à une école de filles délicieusement bien tenue par des Sœurs françaises qui cherchent à inculquer à leurs jeunes élèves un peu de notre langue, — qu'on ne parle plus guère, — et nous nous décidons à lever l'ancre.

C'est par un temps froid, brumeux et triste, que nous quittons définitivement la terre japonaise, nous dirigeant sur Vladivostok. Il y a une grosse houle méchante et dure qui nous secoue brutalement avec des bruits sinistres de meubles qui tombent, de vaisselle cassée. Le vent fraichit encore quand nous avons franchi le détroit ; il passe dans le gréement avec de longues plaintes humaines. Moi aussi j'ai envie de me plaindre, et j'éprouve une vague tristesse à laisser derrière moi ce pays si gai, si joli, si propre, où il y a tant de fleurs, tant de bibelots inutiles et précieux. Monté sur la passerelle, devant la mer grise qui déferle, je songe aux mousmés qui trottinent par les rues ensoleillées avec un bruit de castagnettes, et au sourire toujours niché dans les fossettes de leurs joues roses et dans leurs petits yeux bridés.

CHAPITRE VIII

SIBÉRIE ET CORÉE

Vladivostok est situé au fond d'une baie qui pénètre profondément dans les terres entre des collines dénudées. Des canons, d'énormes canons noirs, la gueule tournée vers la mer, sont les premiers signes de la présence de l'homme qu'on aperçoit, en arrivant, de la passerelle du navire. Cependant le paysage est joli par la découpure gracieuse des montagnes, les îlots rocheux semés dans les passes, les sinuosités innombrables du rivage qui découvrent, à mesure qu'on avance, des aspects nouveaux et insoupçonnés. Malheureusement la végétation fait défaut. Rien ne semble pousser dans ce pays des longs hivers, rien que des herbes jaunes et quelques arbres rabougris.

Tout au fond de la baie, la ville s'étend sur une faible profondeur, mais sur une grande largeur.

Elle forme un vaste demi-cercle, le long du rivage, au pied des collines qu'elle n'a pas encore eu le temps de gravir. Des monuments importants attirent les regards par leurs clochetons élevés, leurs toits dorés qui scintillent, la masse éclatante de leurs maçonneries blanches. Ce sont les palais du général gouverneur et de l'amiral, l'église russe, des banques, des magasins et des casernes. Des casernes surtout, innombrables, énormes, toutes neuves, et disséminées autour de la ville comme des sentinelles de pierre.

Quand on débarque, l'aspect est étrange. Sur le quai de bois, une foule se presse, assemblage de toutes les nations, Chinois, Coréens costumés de blanc comme des pierrots, naturels coiffés de toques de fourrure, moujiks aux vêtements de cuir ou de velours voyants et sordides. Des voitures sont là, attelées de deux chevaux, dont un seul est dans les brancards, et dont l'autre galope à côté. Dedans se prélassent des gens coiffés de casquettes qui sont des officiers, des ingénieurs, des soldats. Le nombre des hommes en uniforme qu'on rencontre est incroyable. Ce sont des troupes de toutes armes, des fonctionnaires du Gouvernement, des officiers brodés d'or avec des bottes et des capotes grises.

Les rues sont larges, mais remplies d'invraisemblables ornières. Les voitures y passent au galop, tombent d'un monticule dans un trou, s'embourbent jusqu'aux essieux, marchent toujours à fond de train. On circule le long de ces cloaques sur des trottoirs en planches. Et on construit, on construit partout en brique, en bois, en pierre. On sent une activité fébrile, un développement à outrance. Il doit y avoir une lutte engagée, un pari entre la ville et le transsibérien. Lequel des deux sera terminé le premier de la cité ou du chemin de fer? Tout cela est disparate, ne s'unifiera que plus tard. Certains monuments sont de granit; d'autres, comme la poste, par exemple, sont encore en planches, en grosses poutres mal équarries. Cela tient du campement et de la grande ville; cela est américain, chinois, japonais et excessivement russe malgré tout. Il faut se dépêcher, il faut aller vite, il faut être prêt, car il va y avoir beaucoup d'argent à gagner, beaucoup d'affaires à entreprendre, mais aussi beaucoup d'intérêts à défendre, beaucoup de compétitions à repousser. Et on accumule à la hâte tout ce que cela comporte de préparatifs divers, les magasins, les capitaux, les navires et les canons.

C'est sur le quai, au bord même de la mer, que se trouve la gare, le point terminus du fameux transsibérien. De là on peut, à l'heure actuelle, pendant la belle saison, se rendre en trois semaines environ à Saint-Pétersbourg, moyennant qu'on supplée à ce qui n'est pas fait de la voie ferrée par une navigation de quelques jours sur le fleuve Amour et le lac Baïkal. Comme terminus, Vladivostok perdra une partie de son importance lorsque sera ouverte la ligne de Mandchourie. Mais il ne faut pas oublier qu'un embranchement déjà presque terminé relie la ligne actuelle à celle du Sud et permet de mettre ainsi en communication constante, les trois centres principaux de la Sibérie orientale, Kabarosk, Port-Arthur et Vladivostok. Quoi qu'il arrive, cette dernière ville restera toujours, malgré les glaces qui la gênent une partie de l'année, un des plus beaux ports du monde. D'ailleurs, les incalculables richesses minières des terrains qui l'entourent suffiraient à lui assurer le fécond avenir sur lequel elle semble compter.

Désireux d'avoir un aperçu de l'intérieur du pays, nous prenons un matin nos billets pour Kabarosk, chef-lieu de la Sibérie orientale, situé sur le fleuve Amour, à trente heures du chemin de fer de Vladivostok. Les compartiments sont spacieux et assez confortables. Les places se transforment en couchettes pour la nuit. On circule d'un bout à l'autre du convoi, et on traîne avec soi un wagon-restaurant où l'on mange, à la russe, d'assez passables choses. Le paysage est monotone. Le train s'avance avec une sage lenteur parmi des plaines immenses où pousse une herbe rare; parfois des rivières, des étangs, des lacs; presque partout le désert. Puis, tout à coup, on ne sait pourquoi, voici une ville avec des clochers, des magasins, des casernes. Toutes ces cités sont nées du chemin de fer, ont poussé comme des champignons depuis quelques années. Certaines, comme Nikolsk, sont considérables: 50.000 hommes de troupe et 10.000 habitants. Il y a dix ans, c'était le désert, la steppe immense et vide.

Peu à peu le paysage change, s'améliore. Ce sont des bois maintenant, des bois rabougris de bouleaux et de pins. Et c'est triste, triste mortellement, cette forêt indéfinie et pauvre, ces herbes jaunes dans les jeunes taillis, ces troncs blancs des bouleaux qui tranchent comme de minces colonnes de neige sur le fond noir des sapins. A gauche, tout près, de l'autre côté d'une rivière que longe la voie, on découvre quelques basses montagnes où des feux s'allument le soir et qui sont la Chine, la frontière nord de l'immense empire, dont, il y a deux mois, nous visitions le Sud.

* *

Kabarosk est une ville importante dont bien des gens en France ignorent sans doute le nom. Beaucoup de troupes toujours; en tout 50.000 habitants. C'est la résidence du général gouverneur de la Sibérie orientale. La ville occupe un large espace. Elle est coupée à angles droits par de grandes avenues rectilignes présentant toujours les mêmes trous, les mêmes fondrières, les mêmes marais de boue, qui sont le caractère distinctif de tout chemin en Sibérie. On circule là-dedans en voiture, au galop. Parfois une secousse vous projette en l'air; le cocher jaillit de son siège, semble voler au-dessus de ses chevaux. Le tout retombe généralement en place. — D'une sorte de falaise à pic très élevée, où se trouvent l'église russe et quelques monuments publics, on domine le fleuve Amour. Et c'est vraiment un beau spectacle que celui de cette immense rivière roulant ses eaux calmes à perte de vue, avec des îles semées dans son lit, et sa nappe étincelante qu'on voit encore dans l'extrême lointain de l'horizon entre des coteaux et des arbres. — Des bateaux à vapeur partent journellement pour remonter son cours jusqu'au point où la voie ferrée reprend pour aboutir au lac Baïkal. Nous avons ici le sentiment bizarre d'être très près, presque chez nous. Il suffit de remonter un peu cette eau, de traverser un lac et bientôt on est à Irkoutsk. Là, dans un bon train, lambin mais confortable, on prend son billet pour Paris. Il semble que nous avons fini un premier voyage. Et en nous remettant en route pour Vladivostok et pour Pékin, nous avons la sensation d'un départ, l'idée de nous retrouver de nouveau effroyablement loin.

Ce n'est pas cependant que cela manque de couleur locale ni que cette Sibérie ressemble à quoi que ce soit de déjà vu. Les voitures, les cochers, les chevaux, les habitants, ont des formes spéciales. Les mœurs nous étonnent. Quand on passe près d'une caserne, on entend des chants tristes et beaux, très justes toujours, qui s'élèvent mélancoliques et puissants comme des chants religieux. Dans les églises, des prêtres à longs cheveux, avec des barbes en pointe qui leur font des têtes de Christ, disent d'une belle voix les prières liturgiques et, dans l'assistance, des soldats, des officiers, des généraux, à genoux ensemble sur les dalles, font, la tête inclinée, d'innombrables signes de croix. On sent passer le grand souffle qui fait la force, l'incroyable puissance de ce peuple, son unité, sa gloire, et qui est la commune pensée qui plane, qui s'envole du cœur des moujiks et des princes : « Pour le czar et pour Dieu! » Plus encore que la force égoïste de l'Angleterre avec ses colonies, ses richesses, ses navires, son mépris des autres et son orgueil, cela amène de tristes réflexions sur notre pauvre pays avec ses discordes, son scepticisme, sa veulerie, son découragement. Que ne ferions-nous pas encore si tous ces ferments qui nous perdent se trouvaient noyés dans une pensée commune, sous une volonté unique! Et quelle tristesse de sentir nos qualités incomparables réduites à l'impuissance par la dispersion. Ne se trouvera-t-il donc jamais un homme ayant une volonté assez ferme, une énergie assez communicative pour oser dire : « Je commande. — Obéissez-moi! — Je marche. — Suivez-moi! »

L'hôtel où nous sommes descendus est une sorte de bouge où logent des Russes, des Chinois et particulièrement des punaises. On n'y a jamais vu de Français. Un soir, nous avons été obligés de dîner dans l'une de nos chambres parce que des officiers avaient envahi la salle à manger.

Jusqu'à une heure avancée de la nuit, les chants, les cris, les hourras, ont ébranlé les murs de bois de l'hôtel. Au matin, j'ai rencontré d'énormes tas de vaisselle et de verres cassés que les domestiques balayaient. Ces domestiques eux-mêmes sont bizarres. Ce sont presque tous des condamnés, libérés il est vrai, mais astreints à un séjour de dix ans en Sibérie. Celui qui fait mon service a, paraît-il, tué six hommes. Il a du reste l'air très doux.

⁂

J'ai fait connaissance, en chemin de fer, du comte C..., Polonais de grande famille, exilé en Sibérie, il y a trente ans. Depuis deux ans, il est libre de retourner dans son pays; on lui a rendu son nom et son titre; on a négligé de lui rendre ses biens. Mais il ne songe pas à profiter de la permission qui lui est accordée. A quoi bon aller traîner la misère dans un endroit où il ne pourrait tenir son rang? Il est devenu Sibérien; il a épousé une femme du pays; il a des enfants; il s'occupe d'affaires de mines et d'affaires agricoles; il paraît heureux et ne désire rien de plus. J'aurais voulu lui demander des détails circonstanciés sur sa vie, sur son existence laborieuse d'exilé; mais la conversation nous était difficile. C'était la première fois qu'il parlait français depuis trente ans.

*
* *

Ce que nous avons vu des autorités russes civiles ou militaires s'est montré fort aimable pour nous. Amabilité un peu de commande, peut-être, sauf chez ceux qui ont séjourné à Paris. On sent, malgré tout — peut-on les en blâmer — la grande idée qu'ils se font de leur pays et la petite idée qu'ils ont du nôtre. Nos théories sociales et révolutionnaires les étonnent comme une anomalie, les affligent comme un déplorable symptôme. Ils nous jugent incapables d'un effort viril, d'une énergie un peu tenace. Ils croient que les idées des Urbain Gohier, des Viviani et des Jaurès ont envahi l'armée et que nos soldats refuseront de se battre. Ils nous disent, pensant nous faire encore un demi-compliment : « Vous êtes trop civilisés, trop intelligents. » Au fond, ils nous prennent en pitié, comme une race lancée irrémédiablement sur la pente fatale de la décadence. Cela est triste; mais à qui la faute, sinon à ces « intellectuels » qui ont rempli nos journaux et nos livres de leurs attaques contre l'armée, de leurs calomnies contre les officiers, de leurs sentiments d'indiscipline et de révolte? Et l'on croit, hélas! que toute la France pense comme eux.

∴

Soupé, un soir, au cercle militaire, en compagnie du capitaine de S..., aide de camp du gouverneur. Nous nous attablons avec deux officiers, un colonel d'état-major, grand, sec, mince, une petite moustache en croc, le cheveu noir et court, trente-six ans ans seulement; l'autre, un gros major plus âgé. Ces messieurs ont bien dîné — il ne saurait y avoir de doute à cet égard. — N'importe; on redemande du champagne et on boit..... beaucoup. Le colonel me serre sur son cœur. Il me parle de temps à autre en français, mais plus souvent en russe, ce qui lui donne moins de peine et n'a d'ailleurs aucune importance. Il tire son sabre, une grande latte tranchante comme un rasoir, et il gesticule avec cela, ce qui est très dangereux. Il me montre comment il coupera la tête aux Allemands quand il chargera avec ses cosaques. Il demande qu'on lui donne à commander une division de cavalerie française; parce que nos généraux sont trop vieux, — *in vino veritas!* — Il veut nous rendre l'Alsace et la Lorraine et nous conduire à Berlin! Il m'explique qu'il est Attila! Parbleu, je commençais à m'en douter. Il me donne l'impression d'un être courageux, violent, brutal, qui doit être magnifique sous le feu et dans la bataille. On trouve en lui, étrangement mêlés par le champagne, du sauvage et du prince, du grand seigneur et du pochard; c'est très curieux.

Et je vois d'ici ces « intellectuels » dont je parlais tout à l'heure, triompher de ce que les officiers russes boivent trop parfois et sont gris après dîner. Pour ma part je ne les en loue pas; ce n'est pas notre genre en France. Mais qu'est-ce que cela prouve? Sont-ils faits pour se battre ou pour philosopher? La guerre se fait-elle avec une plume ou avec un sabre? Y verse-t-on de l'encre ou du sang? Tant que les rivalités des peuples n'auront pas disparu de la surface du monde — et je ne vois pas qu'on en soit encore là — il faudra des gens qui marchent lourdement sur des routes poudreuses, qui galopent à cheval durant des heures entières, qui couchent sur la dure, qui combattent et qui tuent. Et dans ces genres d'exercices, les hommes brutaux et frustes, aux corps solides et à l'esprit net, ont plus d'avantages que les philosophes. Les officiers russes manquent peut-être d'idées générales, comme dirait Anatole France, mais ils ont des idées saines, et cela vaut mieux.

On pourrait discuter longuement sur ce sujet et pousser plus avant les comparaisons entre la France et la Russie. Il serait curieux d'étudier en détail cette formation d'un pays neuf, cette action lente et sûre d'elle-même de l'expansion slave. Mais cela nous entraînerait trop loin. Quel que soit l'intérêt que présente la Sibérie, nous ne pouvons nous y éterniser. Le temps marche; il court même et s'envole. Nous devons commencer à songer au retour et reprendre, tout en faisant l'école buissonnière, le chemin de la patrie.

CORÉE

Cinq jours d'une navigation constamment retardée par les brouillards, au milieu d'îles, dans des parages peu connus. Fréquemment nous sommes obligés de stopper en attendant que la brume se lève. On jette la petite ancre et, toutes les cinq minutes, la cloche sonne à toute volée pour avertir les voisins. Mais je crois bien que c'est inutile, que nous sommes vraiment seuls dans ces mers désertes, parmi ces îles arides, ces brouillards froids. Puis on repart, à petite vitesse, en sondant et avec, cette fois, l'accompagnement de la sirène, qui pousse de longs hurlements. Enfin nous approchons. Le temps s'est mis au beau. Durant quatre ou cinq heures nous louvoyons entre des îlots montagneux, couverts d'une maigre végétation. Voici une grande baie aux eaux calmes avec, dans le fond, une petite ville qui longe la mer et s'étend en amphithéâtre sur des collines vertes. C'est Chemulpo.

La rade est à peu près déserte. Seuls, dans un coin, deux navires de guerre russes semblent être là pour attester les sentiments de plus en plus tendres du grand empire pour son petit voisin. Quelques barques de pêche, quelques jonques de haute mer, des sampans que manœuvrent à la godille des gens habillés de blanc, complètent la population maritime et clairsemée de la baie.

Chemulpo est une ville exclusivement commerçante. Elle compte environ 20.000 habitants, dont plus de la moitié sont Japonais. Les principaux services, la douane, la visite médicale, etc., sont confiés à des Européens de nationalités diverses. C'est un Français qui est chargé, à Séoul, de la direction et de l'organisation des postes. Son personnel est composé d'anciens élèves des missions catholiques où ils ont appris le français.

Les Coréens forment un peuple à part, distinct des Japonais et des Chinois, quoique présentant des rapports avec ces deux races. Ils sont grands et forts; on les dit courageux et hardis chasseurs, ne craignant pas, avec des armes médiocres, d'attaquer les tigres qui abondent dans l'intérieur du pays. Ce qu'ils ont de plus caractéristique — à première vue — c'est leur costume entièrement blanc, qui leur donne l'aspect d'une nation de pierrots. Ils portent de grands pantalons bouffants rentrés dans des chaussettes de laine, une veste courte et, par-dessus, une longue chemise flottante en étoffe transparente et légère. Leur coiffure est très compliquée. Les cheveux, ramenés sur le haut de la tête, forment un petit nœud très serré, juste au sommet du crâne. Des bandelettes l'entourent et le fixent. Au-dessus se place une sorte de fez en crins noirs tissés comme une gaze. Enfin, pour couronner l'édifice, c'est un chapeau noir à bords plats, en crin également, que maintiennent deux brides nouées sous le menton. Cela constitue la seule coiffure que je connaisse qui dépasse en ridicule, en laideur et en incommodité, le tuyau de poêle, emblème de la civilisation moderne.

Le voyage de Chemulpo à Séoul se distingue par l'extrême variété des moyens de transport. C'est d'abord un trajet d'une heure et demie, en chemin de fer, dans une plaine riche et verdoyante que limitent de hautes montagnes boisées à la base. Puis on débarque — la ligne n'allant pas actuellement plus loin — et on s'installe tant bien que mal dans des chariots que des coolies poussent sur une petite voie Decauville. Cela va très lentement dans les montées, mais comme le diable dans les descentes. Alors, généralement, on déraille. Tout le monde descend et chacun se met au travail pour aider les coolies à replacer le wagon sur la voie. On repart pour dérailler bientôt de nouveau, et ainsi de suite. Au bout d'une petite heure, cette plaisanterie prend fin au bord d'une grande rivière qu'il faut traverser en barque, car il n'y a point de pont. Puis subitement, et non sans un certain étonnement, on trouve un tramway électrique du dernier modèle qui, en quelques minutes, vous amène au cœur même de la capitale.

Séoul est un immense village de 150.000 habitants. Sauf les maisons des consuls, il n'y a guère que des huttes de paille. L'aspect est bien plus africain qu'asiatique. Beaucoup d'animation dans les rues, qui sont larges et bien alignées. Une foule de pierrots s'y promènent, donnant une illusion de mascarade et de mardi gras. Quelques-uns ont d'énormes chapeaux qui leur cachent complètement la figure. Ce sont des gens en deuil. Au temps des persécutions, les missionnaires usèrent souvent de ce stratagème pour passer inaperçus. Comme l'étiquette interdit d'adresser la parole au porteur d'un de ces couvre-chefs, cela leur évitait de répondre à des questions embarrassantes sur leur identité.

Les femmes jeunes ne se montrent guère, à moins qu'on ne pénètre dans leur demeure. Les vieilles mêmes se cachent la figure avec une sorte de cape verte. Il est vrai qu'en échange elles ont de petits caracos très courts qui laissent passer les deux seins. On ne peut que regretter, à ce point de vue, que ce ne soient pas les jeunes qui se promènent et les vieilles qui gardent la maison.

Il n'y a qu'une chose à visiter à Séoul : l'ancien palais de l'empereur. C'est un vaste espace entouré de murs où se trouvent des habitations nombreuses et séparées, des jardins et des pièces d'eau. Tout y est fort délabré aujourd'hui. L'herbe pousse entre les dalles, les toitures s'effritent, les vitres de papier sont crevées en maints endroits. On y respire la tristesse et la mort. Ce palais fut, en effet, le théâtre d'un funèbre drame depuis lequel l'empereur n'a plus voulu l'habiter. Il s'en est fait construire un autre à l'extrémité de la ville. Cela se passa il y a cinq ans. L'impératrice était, dit-on, une femme charmante et fine, l'esprit ouvert aux idées nouvelles, sachant débrouiller avec adresse l'écheveau compliqué de la politique. Au milieu des factions rivales qui se disputaient le pouvoir, elle dirigeait son mari pour le plus grand bien de la Corée. Cela ne faisait pas l'affaire des Japonais qui prétendaient à une influence prépondérante. Ne pouvant détruire celle de l'impératrice, ils résolurent de se débarrasser d'elle. Un complot fut ourdi, sous la direction de leur ambassadeur. Par une nuit sombre, une troupe armée envahit le palais. Elle se heurte à la garde qui, quoique surprise, résiste énergiquement. Les assaillants allaient être définitivement repoussés quand arrive un détachement des troupes régulières japonaises qui, sous prétexte de rétablir l'ordre, prête la main aux émeutiers. Dès lors tout est fini. Pendant qu'on achève de massacrer la garde, des assassins pénètrent jusqu'à la reine. Elle tombe percée de coups. On l'entraîne expirante dans les jardins. Son corps enduit de pétrole est jeté enflammé sur un tas de décombres où il se consume sans que le feu, en supprimant la trace palpable du crime, ait effacé la honte d'un semblable guet-apens.

Voilà ce qu'a osé faire en pleine paix le Gouvernement Japonais qui affiche de si exorbitantes prétentions à la civilisation. Sous la pression des puissances européennes, il dut rappeler son ambassadeur et le traduire devant les tribunaux. Mais cela encore n'a été qu'une simagrée, une satisfaction vaine. Aujourd'hui, après cinq ans, le jugement n'est pas encore rendu. Le Japon tout entier s'est rendu solidaire du crime commis à son profit.

Encore, par une ironie du sort et ce qu'un homme célèbre a appelé la justice immanente des choses, la chancellerie de Tokio n'a-t-elle retiré aucun avantage de l'attentat qu'elle avait encouragé et préparé. L'empereur, fuyant son palais ensanglanté, alla chercher refuge à la légation de Russie, dont l'influence est devenue prépondérante. Quelles que soient les prétentions affichées par le Japon, quelles que soient les concessions momentanées que pourra lui faire le czar pour les besoins de sa politique, on peut être assuré que la Corée est destinée à être incorporée tôt ou tard à l'immense empire moscovite.

Et le jour où leur drapeau flottera définitivement sur le palais de Séoul, j'espère que les Russes couvriront de marbre et de fleurs, entretiendront avec un soin pieux le petit monument élevé sous les vieux arbres à la mémoire d'une femme dont le sang, versé par d'autres, fut si fécond pour eux.

PORT-ARTHUR

Encore trente heures d'une navigation lente au milieu des brumes et nous arrivons à Port-Arthur.

Que nous sommes loin ici de la verdoyante Corée! C'est déjà la Chine du Nord avec son aspect le plus rébarbatif, le plus stérile. Des montagnes dénudées, sans un arbre, sans une herbe, enserrent une baie où l'on pénètre par un goulet étroit. Autour, des ateliers de réparation, des maisons de bois construites à la hâte, des magasins et des casernes. Et sur toutes les montagnes, sur tous les coteaux, sur les pitons inaccessibles, sur le flanc des mamelons, on ne voit que des terres remuées, des fossés et des talus, des embrasures par où sortent menaçantes des gueules de canons.

Comme population, nous ne rencontrons guère que des troupes et des coolies chinois, des coolies qui travaillent vite et bien, car il y a toujours à proximité de leur derrière quelque grand diable de cosaque dont la botte, agile et lourde, parle la seule langue que l'on comprenne parfaitement dans toute l'étendue du Céleste Empire. Là-bas ce sont des cheminées qui fument, des locomotives qui sifflent, une voie ferrée qui s'enfonce dans la campagne jaune et qui déjà parvient jusqu'à Moukden. Et tout cela se monte, s'organise, se développe, rapidement et avec méthode, sans agitation et sans bruit, comme tout ce que font les Russes. Dans quelques années, Port-Arthur sera un arsenal formidable, une grande ville, une forte base pour des opérations militaires ou navales en Extrême-Orient.

Mais je doute que ce soit jamais un séjour agréable et qu'il puisse pousser autre chose que des forts sur ces coteaux désolés.

CHAPITRE IX

DE PÉKIN A SHANGHAI

TIEN-TSIN

27 mai[1].

Au point du jour, nous jetons l'ancre. Le capitaine affirme que nous sommes à Taku. C'est bien possible, mais on ne voit rien, rien que le ciel très clair où le soleil se lève et l'étendue bleue

1. J'ai laissé ces notes telles que je les ai écrites à l'époque des événements qu'elles relatent et bien qu'elles contiennent certaines appréciations et certaines prévisions que l'avenir n'a pas confirmées. J'ai pensé que leur seul intérêt consistait précisément à être un reflet de l'opinion générale à Pékin et à Tien-Tsin, au commencement même des troubles. On y verra les alternatives de crainte et de confiance par lesquelles passèrent les Européens. Il ne faut pas oublier que des situations tendues, nécessitant le débarquement de détachements de marins, étaient fréquentes et presque annuelles, et qu'on pouvait penser alors qu'il en serait du mouvement boxeur comme de tous ceux qui l'ont précédé. Cela explique le manque de décision qui a caractérisé, au début, l'action des puissances et qui, sans préjudice de l'effort plus considérable qu'il a fallu faire plus tard, a failli avoir de si désastreuses conséquences pour les étrangers enfermés dans Pékin.

de la mer. Ce port de Taku n'est ni un port ni une rade. Les navires d'un certain tonnage sont obligés de mouiller au large, et seuls les bateaux d'un faible tirant d'eau peuvent, à marée haute, franchir les barres et pénétrer dans la rivière. On décide, le temps étant beau, de débarquer avec le launch qui remorque une chaloupe où sont entassés nos bagages. Nous nous dirigeons tant bien que mal, à la boussole, et après nous être ensablés plusieurs fois, avoir été forcés de transborder, de percher, de tirer, de ramer, nous finissons par arriver à midi à Taku.

Ce premier accueil du Petchili n'est pas aimable, et nous emportons un mauvais souvenir de ces quatre heures de navigation pénible, sous un soleil de plomb. Le train que nous prenons n'arrive à Pékin qu'après la fermeture des portes. Pour ne pas coucher en rase campagne, sous les murs de la ville, nous sommes donc obligés de nous arrêter à Tien-Tsin.

Les concessions européennes y constituent une jolie ville de province aux rues plantées d'arbres, larges et bien tenues. La colonie étrangère centralise toutes les transactions commerciales de la Chine du Nord et particulièrement le marché des thés. La ville chinoise, bien plus importante que

Pékin au point de vue de la population, — elle compte plus d'un million d'habitants, — est entourée de murailles et sale comme toujours.

Mais voilà que nous apprenons, en débarquant, des nouvelles désagréables. Une société secrète, connue sous le nom de « Boxeurs », s'agite énormément. Des troubles ont éclaté en divers points ; des chrétiens ont été massacrés, des villages incendiés. On annonce un mouvement général pour demain, 28 mai, premier jour de la nouvelle lune. L'amiral C... arrive de Pékin avec quinze de ses officiers. Il rejoint son bord pour attendre des ordres. Nous ne partirons que demain à midi.

28 mai.

Mauvaises nouvelles au réveil. Les insurgés ont marché cette nuit. Ils se sont emparés d'une partie de la ligne du chemin de fer du Sud. Ils ont, comme toujours, incendié et massacré. Ils paraissent se diriger sur Pékin. Cependant la route est encore libre et nous décidons de tenter fortune.

Midi : nous sommes installés dans le train. Tout à coup, un monsieur s'avance, c'est le colonel V..., attaché militaire russe. Il demande à parler à l'un de nous. Je le suis sur le quai :

« Monsieur, me dit-il, je dois vous avertir, pour vos compagnons et surtout pour vos compagnes, qu'il est probable que le train ne passera pas. Les rebelles ne sont plus qu'à deux heures de la station de Fun-Taï. Ils en seront maîtres avant votre arrivée. La Compagnie décline toute responsabilité et demande aux voyageurs qui veulent, à toute force, continuer leur route, de signer une déclaration qui la dégage complètement. » Long conseil de guerre assez orageux. Les femmes voudraient risquer l'aventure. Les hommes pensent généralement que ce serait de la folie. Finalement on débarque, et le train part à peu près vide.

G..., S... et moi restons en permanence à la gare avec plusieurs attachés militaires étrangers. Tout le monde est assez nerveux. Une foule grouillante et déguenillée, sortie on ne sait d'où, a envahi les quais. Des soldats sicks, qui font la police sur la concession anglaise, la refoulent à grands coups de rotins. Tous ces gens sont aux aguets, pour savoir ce qui se passe ou pour tenter un mauvais coup. Des soldats chinois, sales et dépenaillés, sont assis par groupes, leur fusil entre les jambes. Ils nous regardent en ricanant.

Les nouvelles peu à peu s'accentuent. Un pont.

près de la jonction des deux lignes, est en flammes. Un train spécial arrive à une heure, amenant des employés de chemin de fer, des ingénieurs, des Chinois, des femmes et des enfants. Tout ce monde débarque avec des meubles, des matelas, les objets les plus précieux. C'est une débandade. On se presse autour des arrivants. Ils n'ont rien vu. Ils savent seulement que les Boxeurs approchent. A une heure et demie, une dépêche. Le train que nous devions prendre est arrêté. Il est parvenu à une station où il n'y avait plus d'employés. Au delà le télégraphe est coupé.

Deux heures : un convoi arrive composé seulement d'un wagon et de plusieurs trucs à marchandises remplis de monde. Il apporte des nouvelles plus précises. Le train de Pékin n'est pas parti. Eux, attendaient à Fun-Taï. Quand ils ont vu les rebelles entrer dans la ville, ils se sont sauvés à toute vapeur avec les gens qui étaient sur le quai. Une jeune femme anglaise descend avec trois petits enfants. Elle ne sait ce qu'est devenu son mari, ingénieur de la ligne, parti le matin pour inspecter la voie. On est très inquiet de toute une colonie de Français et de Belges établie dans la ville de Chau-Sing-Tien dont on a vu flamber la gare. On est sans nouvelles d'eux.

On espère qu'ils se sont réfugiés à la légation de Pékin.

Nous rentrons à l'hôtel de Tien-Tsin. Les communications avec la capitale sont coupées. Des corps de volontaires sont organisés dans les différentes concessions. Toute la nuit, des patrouilles parcourent la ville. Si on sonne le tocsin, tout le monde doit se réunir dans les consulats.

29 mai.

Cela va de plus en plus mal. Toute la ligne du Sud est aux mains des rebelles. La station de Fun-Taï, jonction de cette ligne avec celle de Pékin, a été prise hier. Gare, magasins, ateliers, wagons, tout est incendié. Un télégramme de M. Pichon, venu par le nord, a annoncé que les Européens de Chau-Sing-Tien n'ont pas rallié la légation de France. Ils sont donc toujours en plein pays insurgé, enfermés chez eux sans doute, et assiégés par les Boxeurs. Pourront-ils tenir longtemps? On craint qu'ils ne manquent de vivres et de munitions. On craint, d'autre part, qu'ils ne puissent sortir en faisant une trouée, encombrés qu'ils sont de femmes et d'enfants. Nous apprenons, au consulat de France où nous déjeunons, qu'une dizaine de commerçants de Tien-

Tsin, français, belges et allemands, vont tenter de les délivrer. Ils partent à trois heures. Aussitôt G... et moi demandons à nous joindre à eux. Vite nous courons nous changer. Nous emportons chacun, pour tout bagage, un fusil, un revolver et des cartouches. A l'heure dite, nous sommes dans le train qui nous conduira... où il pourra.

Le consul qui est à la gare nous fait faire la connaissance de nos compagnons d'armes et, en ma qualité d'officier, m'investit du commandement. Mais voici du nouveau. Le vice-roi, — sa connivence avec les Boxeurs a été plus tard clairement démontrée, — refuse de nous laisser partir. Il prétend que nous sommes des soldats français débarqués sans l'autorisation de l'empereur. De notre côté nous refusons de laisser partir le train et — comme on a tenté de décrocher notre wagon — nous prévenons le mécanicien que nous tirerons sur lui si la locomotive s'ébranle sans nous. Pendant deux heures, le consul tempête au téléphone. Enfin on nous laisse libres moyennant que nous signons un papier dégageant le vice-roi de toute responsabilité sur ce qui pourra nous advenir. Peu nous importe ; en route !

A sept heures et demie nous arrivons devant la gare incendiée de Fun-Taï. Les rebelles l'ont quittée, et elle est maintenant occupée par les troupes impériales. Cela vaut-il mieux? Tous les bâtiments sont brûlés; quelques-uns fument encore; des wagons sont renversés aux abords de la voie; les locomotives sont dépouillées de toutes leurs pièces de cuivre. Comme il n'y a plus un endroit où nous puissions nous abriter, je décide d'aller coucher à la station de Ma-Djia-Pu pour revenir demain matin et suivre la ligne du Sud sur laquelle se trouve Chau-Sing-Tien. Le train, où nous sommes seuls maintenant, se remet en marche dans la nuit, à toute petite vitesse, de crainte que la voie ne soit coupée. Enfin, à neuf heures, nous arrivons. Le mécanicien, moyennant un pourboire, promet de revenir nous chercher demain à quatre heures du matin. Nous nous installons dans une salle de la gare et dînons tant bien que mal avec les provisions que nous avons emportées. Toute la nuit, à tour de rôle et deux par deux, nous montons la garde. Chacun couche par terre auprès de son fusil.

30 mai.

Quatre heures du matin. Départ. Une demi-heure après nous arrivons à Fun-Toï. Aussitôt débarquée, notre troupe s'engage sur la ligne du

Sud, en traversant les grand'gardes chinoises campées dans les ruines. Les sentinelles nous laissent passer sans mot dire, sans même paraître nous remarquer : nous voici dans la campagne.

Jusqu'au premier pont, la voie est à peu près intacte. Mais ce pont est incendié. Les traverses brûlent encore et les rails sont tordus ou arrachés. A partir de là les dégâts sont plus considérables. A chaque instant, il faut enjamber des traverses brisées qui fument. Il n'y a plus trace de la ligne télégraphique !

Nous arrivons à la station de Lu-Ku-Tchao en passant sur les poutres de fer d'un pont détruit. La gare est incendiée, les aiguilles rompues. Des billets de chemin de fer, des bandes de papier télégraphique et une foule d'autres objets parsèment la voie. Toujours personne dans l'immense plaine dénudée ; seulement de longues files de chameaux qui, paisibles, marchent sur Pékin. Et c'est un spectacle étrange que celui de cette ruine des travaux de notre civilisation à côté de ces caravanes, les mêmes aujourd'hui qu'il y a mille ans, suivant silencieuses et indifférentes la piste tracée depuis des siècles.

Tout près, il y a la ville, entourées de murailles féodales très vieilles et très hautes, avec des créneaux et des tours. On voit des poternes monumentales, toutes noires, sous lesquelles grouille une foule d'apparence hostile, mais qui ne fait aucun mouvement contre nous[1]. Nous passons sans insister et arrivons au bord du Hoang-Ho. On aperçoit, sur notre gauche, à la sortie même du Lu-Ku-Tchao, un très vieux pont de pierre qui a été décrit par Marco Polo. Désireux d'éviter la ville, je m'engage sur le pont du cnemin de fer. Mais il faut marcher sur des traverses placées à 50 centimètres les unes des autres et entre lesquelles on voit, à une grande profondeur, l'eau du fleuve. Un des volontaires est pris de vertige et ne peut continuer. Comme il y a 800 mètres à parcourir ainsi, nous ne pouvons songer à le porter. Force nous est de rebrousser chemin et de nous diriger vers l'autre pont. C'est là un point délicat de notre voyage. Il faut passer sous les murs de la ville et traverser un petit faubourg. Si on nous attaquait à ce moment, nous serions dans une mauvaise position. Je recommande à mon monde de marcher en ordre, au pas, l'arme sur l'épaule droite. Nous passons raides comme une section

1. Cette ville de Lu-Ku-Tchao était déjà signalée comme un foyer important du mouvement boxeur. Elle fut prise plus tard par un détachement allemand qui y exerça de dures représailles.

qui va prendre la garde. Cela paraît impressionner la foule; elle s'écarte, pas un cri ne s'élève : nous voici maîtres du pont.

Sur ces entrefaites nous rencontrons un Chinois qu'on interroge et qui nous assure que les Européens sont partis hier au soir et se sont réfugiés à Pékin. Cet homme semble sincère ; mais on ne peut se fier à un pareil renseignement. Il faut nous assurer de la chose par nous-mêmes et aller jusqu'au bout de notre mission.

De l'autre côté du fleuve s'étend une grande plaine sablonneuse et aride. Sur les collines qui l'entourent, nous voyons pour la première fois paraître et disparaître des détachements de quelques centaines d'hommes armés de lances avec des drapeaux rouges. C'est l'ennemi; ce sont les Boxeurs. Manifestement ils nous surveillent, mais ils ne se portent pas au-devant de nous. Notre petite troupe de 13 hommes continue à s'avancer en bon ordre, se dirigeant vers une fumée épaisse qui s'élève à l'horizon. Nous reprenons la voie ferrée et brusquement, à un tournant, nous surgissons à 150 mètres environ de la gare de Chau-Sing-Tien. Elle fume encore, et un millier peut-être de sales Chinois sont en train de tout démolir et de tout piller. Quelle panique à notre vue ! Tous ces héros se sauvent à toutes jambes à travers champs. C'est un spectacle comique. J'ai beaucoup de peine à empêcher certains de mes compagnons de leur envoyer quelques balles. Je reconnais que c'est tentant. Mais je trouve que nous ne devons tirer que si on nous attaque, ou si on tente de nous barrer la route, car il faut passer à tout prix. En dehors de cela nous sommes venus pour délivrer des femmes et des enfants et non pour faire la police de la Chine.

Maîtres de la gare, nous ne nous y attardons pas. Nous marchons sur les maisons européennes et les ateliers qui sont dans un fond caché par un monticule. Quand nous paraissons, la débâcle est encore plus drôle. Ils étaient là deux ou trois mille en train de piller au milieu des flammes. Cette jolie troupe d'incendiaires et de voleurs se sauve dans toutes les directions avec une vitesse inouïe. Tout brûle, tout flambe ; des poutres tombent et des toits s'écroulent. Un coffre-fort éventré gît à terre au milieu de billets de chemin de fer et de vaisselle cassée. Seule une maison en construction a été respectée. Un écriteau chinois y est attaché : « Ne brûlez pas ceci qui appartient encore au charpentier. » Trois ou quatre mauvais gars sont montés sur les échafaudages et font semblant de travailler activement à bâtir, comme si les ruines qui les entourent ne les atteignaient pas.

Quelques Célestes, qui ont la conscience plus tranquille ou sont simplement plus malins, viennent à notre rencontre. Ils nous confirment le départ des assiégés, la veille au soir, avec une troupe venue de Pékin. C'est heureux pour eux, mais un peu ridicule pour nous. Comme les carabiniers d'Offenbach, nous sommes arrivés trop tard. Nous parcourons consciencieusement les ruines, examinons les incendies. Nous n'y pouvons rien, n'étant pas chargés de la répression. Nous repartons. Que Messieurs les Boxeurs continuent leur œuvre. C'est toujours la Chine qui paiera.

Le retour s'effectue sans encombres. A hauteur de Lu-Ku-Tchao, nous rencontrons l'armée impériale qui s'est enfin mise en mouvement. Des troupes, encore des troupes; un interminable défilé de cavaliers, de lanciers, de fantassins, marchant sans ordre dans la plaine; des bannières, des drapeaux, des musiques bizarres, des tam-tams; un décor d'Opéra, une féerie du Châtelet! Nous les contemplons quelque temps d'une petite pagode, aux abords de la voie. Mais nous ne tenons pas à faire avec eux plus ample connaissance et nous retraitons sur Fun-Taï. Là notre troupe se divise, sa mission terminée. Les gens de Tien-Tsin rentrent chez eux, tandis que G... et moi nous allons à Pékin en empruntant, sans son autorisation, le train spécial d'un haut mandarin venu pour examiner les dégâts.

Nous rendons compte au ministre de France de notre expédition, dont il était assez inquiet, et on nous présente tous ceux que nous n'avons pas sauvés. On nous fait fête; on nous félicite ; on exagère un peu les dangers que nous avons courus. Nous serrons beaucoup de mains et embrassons beaucoup d'enfants. En échange, nous n'avons qu'une armoire pour nous coucher et rien pour nous laver ou nous changer. La situation de « héros » a ses revers ! Au fond nous sommes ravis de notre excursion, qui nous a montré la Chine sous un jour très spécial et malheureusement très vrai.

La situation à Pékin est plus que tendue. Durant l'interminable trajet de la gare à la légation, on ne recueille que des injures et des gestes de menace, quand ce ne sont pas des ordures ou des pierres. Symptôme grave ; les plus excités semblent être les soldats réguliers. Et ceux-là sont bien armés. On ne circule, — précaution bien illusoire en cas d'attaque, — qu'avec sa carabine ou son revolver. Mais aussi quelle couleur dans cette vieille ville, au milieu de ces hautes murailles, dans ces cloaques et dans cette foule! Parfois, au coin encombré d'une rue, ou sous ces portes monumentales et sombres, qui ont l'horreur tragique d'un autre âge, on se sent tellement serré, tellement étreint par la population grouillante et haineuse qu'on se demande si on en sortira jamais, si on ne va pas être entraîné par ce flot impur dans quelque lieu terrible, dans quelque impasse secrète dont on ne reviendra pas. Mais c'est ainsi peut-être qu'il faut voir les Chinois pour comprendre ce qu'ils sont encore aujourd'hui, un peuple barbare, ayant conservé tous les instincts primitifs, toutes les superstitions, toutes les cruautés d'autrefois, un peuple immobile et figé dans une demi-civilisation vingt fois centenaire, qu'aucune lueur du dehors n'est venue éclairer.

Quinze vaisseaux des escadres internationales sont arrivés aujourd'hui en rade de Taku. Ils doivent envoyer des détachements de marins ; le Gouvernement Chinois s'y oppose. Tout cela est grave.

Ce soir à dix heures, les ministres des différentes nations se sont rendus au Tsung-Li-Yamen. L'ambassadeur d'Angleterre, parlant au nom de tous, a terminé par ces mots : « Vous avez jusqu'à demain midi pour laisser débarquer les troupes. Sinon la Chine aura cessé d'exister. Réfléchissez. »

31 mai.

Matin. — On apprend que les détachements russe et français ont été contraints hier de se rembarquer. L'exaspération est à son comble. Les ministres de France et de Russie ont envoyé aux amiraux la dépêche suivante qu'ils ont communiquée au Tsung-Li-Yamen : « Débarquez de gré ou de force. » Les détachements anglais et américains sont arrivés à Tien-Tsin, par voie fluviale, en se cachant dans des bateaux. Est-ce la guerre ?

Midi. — Tout est fini. La Chine cède une fois de plus. Les marins sont débarqués. Français, Russes, Anglais, Américains, Japonais, Italiens, seront ici à sept heures du soir. Les B... et le reste de notre bande arrivent à trois heures. Enfin nous allons pouvoir changer de chemise et nous laver.

Sept heures et demie. — Un certain nombre d'Européens sont allés à cheval au-devant des troupes. Enfin le clairon sonne. Soixante-quinze marins défilent gaiement devant l'hôtel et se rendent à la légation. Demain ils se fractionneront pour aller occuper le Pétang et l'hôpital catholique. Ce soir, la rue des légations est en fête. On rencontre les uniformes de toutes les nations. Que les Fils du Ciel essayent donc de bouger! Nous avons le sentiment d'être maîtres de la Chine et de tenir entre nos mains, avec nos 500 soldats, le Gouvernement et la capitale.

1er juin.

L'effervescence ne paraît pas aussi complètement calmée qu'on s'y attendait. Toujours, devant l'hôtel de M. Chamot, stationne une foule houleuse aux intentions mal définies. De temps à autre, pour la faire circuler, on l'arrose avec la pompe à incendie. Cela donne lieu à un sauve-qui-peut réjouissant.

Nous entreprenons cependant de visiter un peu Pékin, dont nous ne connaissons guère que le chemin de la gare. Armés de revolvers, nous frêtons des pousse-pousse et partons pour l'observatoire situé sur la muraille de la seconde enceinte. On traverse, pour s'y rendre, une partie de la cité tartare à qui ses ruelles calmes et presque désertes donnent une physionomie si différente de celle de la cité chinoise. Du haut des murs, la vue s'étendrait sur toute la ville si une poussière opaque, qui flotte comme un brouillard, n'en dissimulait la majeure partie. Ce qu'on en voit est entremêlé de terrains vagues, d'arbres rabougris, de canaux, de champs cultivés. Cela donne l'impression d'un immense camp retranché plus que d'une capitale. Je ne dirai rien des magnifiques instruments de bronze construits par les Jésuites au XVIIe siècle, ni des quelques monuments que nous avons visités. Pékin a été maintes fois décrit, mieux que je ne le pourrais faire, par des gens qui l'ont visité plus à loisir et dans des conditions plus calmes.

Comme on ne peut, vu les circonstances actuelles, songer à se rendre au tombeau des Min et à la Grande Muraille, que presque tous les temples sont fermés, et que le séjour n'est pas enchanteur à l'hôtel, où la plupart d'entre nous n'ont pas même de chambre, nous décidons de repartir, dès aujourd'hui, si nous le pouvons.

Au moment où nous allions nous mettre en route, on vient, de la part des légations, nous dire d'ajourner notre voyage. Des Allemands ont encore reçu des pierres, ce matin, sur le trajet de la gare et ont été forcés de rétrograder. Des soldats de l'armée régulière, sous prétexte de réquisitions, se sont jetés sur les voitures à bagages qu'ils ont renversées sur la route. D'ailleurs, les voituriers que nous avons retenus refusent de marcher. Nous passerons donc encore cette nuit à Pékin.

2 juin.

Partis de bonne heure de l'hôtel, nous arrivons sans encombre à la gare. Beaucoup de monde dans le train : le consul de Tien-Tsin, le colonel attaché militaire russe, des officiers américains, etc.

Les nouvelles du jour sont mauvaises. Une bande de 36 Français, hommes, femmes et enfants, qui se trouvaient au début des affaires à Paoting-Fu, sont partis depuis cinq jours pour regagner Tien-Tsin, en bateau, par la rivière. On n'avait pas de renseignements sur leur voyage. Ceux qu'on apprend aujourd'hui sont affreux. Leurs jonques, attaquées par les Boxeurs, ont été coulées. Ils ont dû se frayer un chemin à coups de fusils. Depuis lors ils marchent jour et nuit, sans vivres, peut-être sans munitions, combattant sans cesse. Ils sont arrivés à 30 kilomètres de Tien-Tsin, mais ils ne sont plus que 10 ! 100 volontaires sont partis ce matin pour tâcher de les ramener.

Je voudrais m'arrêter à Tien-Tsin, voir comment tournent les événements, repartir, s'il y a lieu, faire le coup de feu. Cela me tente comme un sport éminemment excitant. Malheureusement mes compagnons de voyage ne veulent ni me laisser ni m'attendre. Je finis par leur céder, ne croyant leur sacrifier qu'une fantaisie d'un moment. J'étais loin de prévoir — et nul ne prévoyait alors — ce qu'il allait advenir et qu'on tirerait, un mois après, dans ces plaines, assez de coups de fusil et de coups de canon pour me laisser à jamais un inconsolable regret.

SHANGHAÏ

11 juin.

Shanghaï est la ville chinoise qui renferme les plus importantes concessions européennes. C'est, de toutes les cités de l'Extrême-Orient, la plus brillante au point de vue mondain, la plus gaie, celle où les « déracinés » des diverses nations peuvent mener la vie la plus agréable, la plus conforme à leurs goûts.

Les environs sont laids et plats, mais propices à

l'exercice du cheval et au « fox-hunting ». Il y a un grand cercle, parfaitement aménagé, et un « Country-Club » élégant où, sur des pelouses vertes, on joue au lawn-tennis devant une assemblée de femmes habillées la plupart chez Worth ou chez Doucet. Cela jette une note inattendue dans cette vieille Chine où se commettent des crimes sauvages et où fermentent, à l'heure actuelle, des passions barbares et préhistoriques.

Dans un autre ordre d'idées, l'observatoire de Si-Ka-Wé, que les Jésuites ont fondé non loin de Shanghaï, est un établissement scientifique du plus haut intérêt. Une partie des Pères s'y adonnent aux observations météorologiques et particulièrement à la prévision des typhons, si indispensable aux navigateurs. Mais d'autres sont consacrés à des études diverses avec l'intelligence et l'esprit de suite si fréquents dans leur Ordre. La connaissance de la langue, de la littérature et de l'histoire chinoises y fait chaque jour de nouveaux progrès. On s'y occupe de zoologie, de minéralogie, de botanique; on y réunit les matériaux de collections importantes. Enfin, j'ai vu un travail sur l'hydrographie du Yang-Tsé, exécuté depuis peu, au prix de mille difficultés, et qui est destiné à rendre les plus grands services au commerce européen, à mesure qu'il pénétrera davantage dans l'intérieur de la Chine.

J'ai tenu à dire ces choses à une heure où la mode est de déblatérer contre les missionnaires et où des gens qui n'ont jamais rien fait pour leur pays, jamais risqué un sou de leur poche ou un cheveu de leur tête, déversent l'injure sur des hommes qui ont accompli et accomplissent encore chaque jour tant d'œuvres profitables à la cause de la France et de la civilisation.

Au reste, notre vie à Shanghaï fut semblable à celle des peuples heureux qui — comme chacun sait — n'ont point d'histoire. Elle consista en dîners, en promenades à cheval, en garden-parties. Narrée, elle ressemblerait à un entrefilet détaché des « Mondanités » du *Gaulois*.

CHAPITRE X

INDO-CHINE

18 juin.

Hier, au petit jour, nous avons franchi le détroit d'Haïnan. C'est un passage curieux et parfois difficile où la mer, entraînée par un fort courant, brise sur des hauts-fonds, se heurte avec violence contre la grosse houle du large. C'est étrange comme aspect : l'eau est blanche d'écume. On a, un moment, l'impression de naviguer sur un rapide.

De l'autre côté des passes, dans le golfe du Tonkin, les flots sont unis et paisibles. Et nous en éprouvons une sensation agréable, presque oubliée depuis le Japon.

Ce matin, au lever du soleil, nous arrivons en vue de la baie d'Along. Après avoir croisé quelque temps à la recherche d'un pilote introuvable, nous nous décidons à pénétrer par nos propres moyens dans le dédale des roches qui parsèment la baie. Tandis que nous avançons à petite vapeur, un paysage grandiose se développe devant nous. A perte de vue, la mer est jonchée de rocs énormes qui semblent jetés au hasard, en masses pressées ou en essaims plus clairs. Leurs flancs noirâtres, que couronne une maigre verdure, s'enfoncent perpendiculairement dans les flots, laissant entre eux des chenaux étroits où leur grande ombre vient se refléter. L'Océan, à travers les siècles, a attaqué ces géants. Il a rongé leur base, il a creusé leurs assises, il s'y est taillé, à la longue, des anfractuosités profondes, des grottes mystérieuses et sombres où pendent des stalactites. Ici, la mer a complètement troué la montagne à travers laquelle on regarde comme dans un télescope. Là, c'est un cirque, une cuvette intérieure où l'on pénètre en canot par un étroit passage souterrain. Le flux se fait-il sentir, l'entrée se bouche, disparait. Vous êtes enfermé, jusqu'à la marée suivante, dans un petit lac solitaire qu'entourent des murailles à pic sur lesquelles est posé, comme un couvercle, un coin bleu du ciel.

Toute cette baie dégage une poésie grandiose et sinistre. Les roches, semées dans le lointain, semblent une forêt d'arbres géants dépouillés de leurs feuilles. Parfois elles affectent des formes de monstres, de statues, de ruines ou de vieilles cathédrales gothiques. On dirait des constructions fabuleuses, jadis élevées par les Titans. Le feu du ciel les a frappées; l'Océan a sapé leurs fondements ; mais ni la mer ni la foudre ne sont parvenues à détruire l'œuvre colossale que, dans un moment de folie, la nature a créée.

Cette baie fut longtemps un nid redoutable de pirates. L'histoire des débuts de notre occupation du Tonkin est pleine des luttes qu'il fallut soutenir pour purger cette partie de la côte des bandits qui s'y réfugiaient. Cela donna lieu, parfois, à des combats meurtriers. En errant, en canot, dans les étroites passes, nous trouvons, dans un site sauvage, au pied d'un roc abrupt, une petite plage de sable où la mer vient lentement mourir. Dans les éboulis des roches, pousse un peu de verdure et un palmier, venu on ne sait d'où, s'incline gracieusement sur les flots. Là s'élève une grande croix de pierre, toute blanche sur le sombre décor. En approchant davantage, on en découvre beaucoup d'autres, petites croix de bois, plantées en désordre dans l'herbe et dans la mousse. Elles marquent les restes de marins français tués en baie d'Along, il y a quinze ans. Ce cimetière rustique et sublime est convenablement entretenu. L'escadre y vient tous les hivers. Les tombes sont en bon état, et une couronne de fleurs fanées pend encore, souvenir pieux, à un bras de la grande croix. Pauvres marins inconnus, pauvres petits matelots de France, morts sur cette terre sauvage, loin de tout, loin des leurs, au bout du monde, ils dorment leur dernier sommeil dans un site admirable dont aucun monument funéraire n'égalera jamais la splendeur. Et il semble que leur âme naïve doit goûter quelque chose de ce grand calme, de cette paix souveraine, que vient seul troubler, de loin en loin, l'écho atténué des tempêtes ou le cri d'un oiseau des mers.

∴

Haïphong, le grand port du Tonkin, n'est qu'à quelques heures de la baie d'Along. Actuellement, les navires d'un fort tonnage ne peuvent y arriver qu'à certaines marées. Mais on a commencé des travaux importants qui permettront, d'ici peu, aux plus grands vaisseaux de pénétrer en tous temps dans la rivière.

La ville, élevée en douze ans sur l'emplacement

de marais et de fondrières qu'il a fallu combler, a un grand cachet d'élégance et de propreté. Les rues, sillonnées de fils téléphoniques, éclairées à l'électricité, sont larges et aérées. Les maisons sont construites au milieu de jardins qu'entourent des hais d'hibiscus aux larges fleurs rouges. Les fleurs d'Europe y poussent également. Des jasmins pendent aux fenêtres et des corbeilles de roses parsèment les gazons verts.

Les habitants n'ont point l'aspect maladif, le teint jaune et l'air déprimé que donne le ciel de Cochinchine. L'hiver, assez froid pour obliger à faire du feu, suffit à rétablir le foie, l'estomac et les nerfs. Et, si les chaleurs de l'été sont pénibles, l'automne est délicieux. Je suis, du reste, heureux de profiter de l'occasion pour contribuer à détruire une légende, accréditée en France, sur le climat de l'Indo-Chine. Comme, chez nous, la politique se mêle à tout, on en est resté, sur ce pays, aux racontars des journaux hostiles au cabinet Ferry, lors de la conquête du Tonkin. Toutes les absurdités qui ont été, à ce moment, débitées dans la presse, sont demeurées articles de foi. L'Indo-Chine est une contrée pestilentielle, fiévreuse, mortelle ; c'est entendu ! Mais qu'est-ce que l'Indo-Chine? On ne s'en doute pas. Les gens très documentés savent vaguement que cela comprend le Tonkin et la Cochinchine. Quelques-uns soupçonnent l'existence de l'Annam et du Cambodge. Personne ne connaît le Laos. Toutes ces provinces, naturellement, on les dote du même climat, et on les croit très voisines, à peu près comme les départements de Seine-et-Oise et de Seine-et-Marne. Si vous devez passer par Saïgon, personne n'hésitera à vous donner une commission pour Hanoï. Or il faut presque autant de temps pour se rendre de l'une à l'autre de ces villes que pour aller de Bordeaux à Dakar. Pense-t-on cependant que les climats de la Gironde et du Sénégal soient identiques ! En réalité les conditions d'existence sont absolument différentes en Cochinchine et au Tonkin. J'ai vu à Hanoï et à Haïphong des gens qui, après dix ans consécutifs de séjour, se portaient à merveille. En Annam, la chaleur est plus éprouvante, mais presque toute la côte est saine. Les seuls endroits vraiment fiévreux sont les forêts de l'intérieur. Qu'on cesse donc en France de répandre des légendes grotesques sur nos colonies. Qu'on apprenne à les connaître, et on s'apercevra qu'y aller ou s'y établir ne correspond point à un arrêt de mort.

On se rend de Haïphong à Hanoï par le fleuve

Rouge, dans les bateaux propres et assez bien aménagés des Messageries fluviales. Le pays qu'on traverse est fort plat, très cultivé et très vert, uniformément couvert de rizières et semé de bouquets d'aréquiers où des villages sont cachés.

Je n'ai pas l'intention de tenter ici une étude économique du Tonkin, ni de faire ressortir l'avenir, très grand, selon moi, de cette province. Qu'il me suffise de dire que Hanoï est une cité florissante, aux rues larges et droites, éclairées, comme de juste, à la lumière électrique. On a ménagé au centre du quartier européen l'emplacement d'un petit lac, entouré d'arbres, qui rappelle un peu celui de Kandy.

Si l'on songe que cette ville, avec son élégance et son confort, est sortie de terre en quelques années, sans aide de la Métropole, on reconnaîtra peut-être combien est exagérée la prétendue incapacité des Français en matière de colonisation. Que ne ferions-nous pas, au contraire, si un plus grand nombre d'hommes énergiques et honnêtes allaient là-bas tenter fortune, si les capitaux s'y portaient plus volontiers, au lieu d'affluer dans les mines d'or anglaises et autres entreprises étrangères qui, pour être cosmopolites, n'en sont pas plus sûres? Hélas! il faudra longtemps pour faire comprendre cela à nos compatriotes. L'opinion publique est un courant qu'on peut remonter soi-même, mais dont il est difficile de changer la direction. Celui-là est particulièrement fort, car il dérive d'une foule de sources diverses : l'habitude, la nonchalance, l'ignorance, la pusillanimité, et aussi l'influence des épouses ou des mères. Et il y a, plus néfaste encore que tout cela, l'état de lutte politique permanent dans lequel notre pays vit depuis trente ans et grâce auquel la presse, à quelque parti qu'elle appartienne, a, dans un but de polémique, tout travesti, tout dénaturé, tout falsifié. La plupart des Français ne puisent-ils pas leurs opinions dans les journaux, dont cependant les jugements sont toujours partiaux, aussi bien quand ils approuvent que lorsqu'ils dénigrent? Il existe, me direz-vous, des ouvrages spéciaux, des statistiques, des documents. C'est vrai ; mais on ne les lit point. Alors à quoi servent-ils? Résignons-nous donc à attendre une époque plus heureuse, une génération plus entreprenante, des institutions plus stables, et tâchons de conserver pour nos descendants un empire colonial qui fait grande envie à d'autres si, chez nous, on y attache peu de prix.

*
* *

Quelques escales encore, le long de la côte : à Tourane d'où, par le col des Nuages, on se rend à Hué ; à Quin-Nhone ; dans la baie de Kam-Rang, vaste lagune désolée, presque déserte, bordée de marécages et de coteaux que tapisse une végétation rabougrie.

Tous ces lieux, je les connais pour y avoir séjourné. Je les revois avec plaisir. Toutefois, malgré moi, quand je suis sur ces rives, mon esprit vole vers l'intérieur. Au fond, c'est là que je voudrais retourner. Je voudrais parcourir encore ces montagnes escarpées, couvertes de forêts impénétrables, traverser des cours d'eau inconnus, revivre au milieu des peuplades sauvages cette vie incertaine de l'explorateur, où le lendemain se présente toujours comme une énigme, éprouver de nouveau cette sensation de responsabilité et de liberté que regrettent sans cesse ceux qui l'ont une fois connue. Mais chaque chose a son temps. Avec le rêve de revenir quelque jour, ici ou ailleurs, mener cette existence que j'aime, je dis adieu aux côtes annamites. Après avoir, par un temps superbe, doublé le cap Padaran et le cap Saint-Jacques, nous entrons dans les eaux calmes, aux malsaines senteurs, de la rivière de Saïgon.

Le lendemain de notre arrivée, la ville est en liesse. C'est le 14 juillet. Dans ces contrées lointaines, la fête nationale n'a pas le cachet de foire à deux sous et de boui-boui mal fréquenté qui fait de ce jour, à Paris, l'un des plus odieux de l'année. Les réjouissances, ici, sont discrètes et de meilleur ton. Les navires, dans le port, ont mis leur grand pavoi ; les drapeaux flottent aux façades des maisons ; quand vient le soir, la ville s'illumine, les lampions s'alignent sous les grands arbres des avenues, le palais du gouverneur projette sa masse flamboyante au bout des vastes parterres qui y mènent. Et, au milieu de tout cela, circule une foule paisible, qui ne chante ni ne hurle, qui se contente de jouir du spectacle avec calme, dans la chaleur lourde d'une nuit tropicale où brillent des millions d'étoiles.

Le gouverneur, qui nous a reçus à Hanoï d'une façon charmante, a tout mis en œuvre pour rendre agréable et facile à mes compagnons de voyage une visite rapide de l'Indo-Chine. Après quelques jours passés à Saïgon, dont l'aspect riche et prospère, les larges avenues ombreuses, les jardins fleuris et le théâtre monumental, surprennent toujours ceux qui s'attendent, plus ou moins, à n'y trouver qu'une pauvre bourgade, nous nous embarquons pour Pnom-Penh.

Là règne, sous la direction et la surveillance du résident de France, le fameux Norodom, que je retrouve un peu plus vieux, un peu plus maigre, mais tout aussi pétillant et aussi vivace que l'année précédente. Ce monarque n'aura donné à ses sujets qu'un seul bon exemple, celui de la longévité.

Il nous invite, dans son palais, à un ballet exécuté par sa troupe particulière. C'est assez monotone comme spectacle, mais très exotique d'aspect. Les costumes sont fort beaux. Dans une grande salle éclairée par des lampadaires où brûle, avec une odeur bizarre, de l'huile de palme, la théorie des danseuses fait son entrée, à genoux, car nul sujet ne doit se présenter debout, devant le roi. Dès lors commence à se dérouler la trame compliquée et, pour nous, incompréhensible de la pièce. Tous les gestes ont une signification en quelque sorte hiéroglyphique. Ils consistent surtout en des poses lentes, en des contorsions des reins, des bras, des poignets et des doigts. Ce qu'il y a de curieux, c'est qu'on retrouve représentées d'une manière vivante toutes les attitudes figurées en bas-reliefs dans les antiques ruines du Cambodge; cela semble prouver que ces danses sont très anciennes et qu'elles ont été conservées, jusqu'à nos jours, par une très fidèle tradition. Encore une vieille chose qui, d'ici peu, va disparaître! Il est douteux que le succeseur de Norodom puisse assumer la lourde charge d'un corps de ballet aussi complet. Peut-être sommes-nous des derniers à contempler ce spectacle qui délectait, il y a mille ans, les souverains inconnus du mystérieux empire Khmer.

Les Cambodgiens sont en effet les descendants directs de ces peuples qui occupèrent, à une époque reculée, une situation prépondérante en Indo-Chine, et atteignirent un degré de civilisation dont les ruines d'Angkor, de la côte d'Annam et du Laos sont les indéniables preuves. C'est une race aryenne n'ayant aucun rapport avec la race annamite. Tout en eux diffère : les lignes générales du corps, les mœurs, la coiffure et le costume. Hommes et femmes portent les cheveux courts, coupés en brosse. Les uns et les autres sont vêtus d'une pièce d'étoffe appelée « Sampot », qui se roule autour des hanches et qui, passée entre les jambes et fixée dans le dos, constitue ainsi une sorte de culotte bouffante. Les femmes y ajoutent une écharpe de couleur claire, glissée sous les bras et nouée entre les deux seins. Je dois dire que cela constitue une tenue de cérémonie que ces dames omettent souvent.

Beaucoup des danseuses de Norodom portaient des costumes plus compliqués, mais dont le « sampot » est toujours la base. Le roi fit même comparaître dans sa loge plusieurs des plus élégantes ballerines pour nous permettre de soupeser les lourds bijoux d'or massif et de palper... les vêtements. Malgré les charmes de cette petite fête, nous dûmes nous retirer avant la fin. Les représentations durent jusqu'au lever du jour, et il nous fallait, à cette heure, être déjà en route pour Angkor.

* * *

Il est une heure du matin quand nos chaloupes quittent l'embarcadère de la résidence de Pnom-Penh. Nous allons vite et, au réveil, nous sommes déjà à l'entrée du Grand Lac. Pendant la nuit, nous avons dépassé ce curieux village de Compoung-Chnang que j'ai visité à un précédent voyage. Toutes les maisons y sont construites sur des radeaux en bambou qui flottent dans le fleuve. Suivant la hauteur des eaux, le village se déplace, laissant toujours entre chaque case des espaces vides où l'on circule en pirogue. C'est en quelque sorte une Venise nomade.

A trois heures, l'ancre est jetée à l'entrée de la rivière de Siem-Réap. Toute une flottille de canots, envoyés par le gouverneur siamois, accourt à notre rencontre. De grands drapeaux sont déployés, et trois ou quatre fonctionnaires, vestes blanches, sampots, bas noirs et souliers à boucles, plus de nombreuses décorations, viennent se mettre à la disposition de M. et de Mme de B... L'interprète sussure dans les deux langues quelques phrases aimables, et une bouteille de champagne est bue, avec une visible satisfaction, par les ambassadeurs, à la santé de leur souverain et du nôtre — je pense qu'il s'agit de M. Loubet.

Je suis dans l'admiration de cette réception. Je me souviens que jadis, pour ma modeste personne, le Siam avait fait moins de frais, et que je n'avais pu obtenir du gouverneur les charrettes dont j'avais besoin qu'au moyen de l'offre généreuse de six bouteilles de déplorable absinthe, achetées du reste à son intention chez un Chinois de Pnom-Penh.

Malgré cela, en revoyant ces lieux, je me rappelle avec émotion la première fois que j'y abordai dans une simple pirogue, qui avait mis plusieurs jours à remonter le fleuve et le Grand Lac. Il faisait nuit depuis longtemps déjà quand nous nous étions engagés dans la rivière, où l'ombre des grands arbres faisait régner une impénétrable obscurité. Soudain, à un tournant, des lumières apparurent. Devant nous s'ouvrait une sorte de bief assez large, encombré de jonques, et, sur la rive, des gens s'agitaient avec un bruit de musique et de chants. Mon compagnon et moi eûmes tôt fait d'aborder au lieu de la fête, que notre arrivée troubla un instant, mais qui reprit de plus belle quand on se fut aperçu que nous nous contentions du rôle de spectateurs. Toutes les jonques rassemblées en cet endroit allaient partir pour les pêches du Grand Lac, qui durent plusieurs mois. Pour se concilier les Esprits, pour écarter les tempêtes souvent dangereuses du Tonlé-Sap, on donnait une sérénade à Bouddha. Un petit autel était dressé au milieu de grands feux. Quelques drapeaux rouges et blancs flottaient à l'extrémité de hampes de bambou. Un orchestre caché sous les arbres jouait sans discontinuer, et des hommes presque nus dansaient des danses bizarres, faisaient des contorsions et des sauts. La lueur des brasiers sur leur peau de bronze leur donnait des aspects effrayants de démons. C'est peut-être l'impression d'exotisme la plus intense que mes voyages m'aient laissée. Je n'oublierai jamais cette nuit sans sommeil passée dans notre pirogue, que nous avions attachée à un arbre, pendant que résonnait la musique cambodgienne, triste, étrange et grêle, et que, sur les reflets rouges des feux dans la rivière, des ombres fantastiques passaient.

Aujourd'hui, c'est le grand soleil de juillet qui éclaire ces mêmes lieux. L'époque de la pêche est passée. En dehors des gens venus à notre rencontre, les rives semblent désertes.

Cependant les palabres avec les dignitaires siamois sont terminés; les bagages sont chargés sur les bateaux. Nous nous engageons dans la rivière que nous devons remonter jusqu'à l'endroit où nous attendent les charrettes à bœufs. Bientôt la voie se réduit à un étroit chenal, non que l'eau manque — on ne voit point de terre et tout est inondé — mais parce que nous naviguons à même la forêt, dans ce qui doit être, en une autre saison, un chemin ou un sentier. On avance lentement, en luttant contre les branches qui s'accrochent aux pirogues. Sous cette voûte de verdure, l'air ne circule pas. Dans la lourde chaleur du jour, montent les senteurs empestées de ces eaux croupissantes, de toutes les choses diverses qui pourrissent dans cette étuve et cette humidité. Cela sent la fièvre; on dirait que la nature a mis cette odeur en ces lieux malsains comme une menace ou un avertissement. Mais tout a une fin : nous abordons, à la lisière des bois, dans une vaste plaine où des véhicules nous attendent.

Après deux heures de ce genre de supplice spécial que sont les chars à bœufs de ce pays, nous arrivons à Siem-Réap, joli village construit sur les deux rives d'un cours d'eau, où Cambodgiens et Cambodgiennes semblent passer leur vie à se baigner. Quand les femmes sont jeunes, le spectacle n'a, du reste, rien de désagréable.

Malgré l'heure avancée et les protestations du gouverneur, nous décidons d'aller le soir même coucher à Angkor. Il fait nuit noire quand nous pénétrons sous la magnifique futaie qui entoure les ruines. Des arbres colossaux nous environnent, se dressent autour de nous, ajoutent encore l'épaisseur de leur ombre à l'obscurité de la nuit. Et les branches tordues, les troncs noueux semblent des géants fantastiques qui nous menacent, nous entourent, ne nous laissent passer un moment que pour nous étreindre tout à coup, nous punir sans doute du sacrilège que nous commettons en allant troubler ces vieux monuments, ces vieux royaumes, ces vieux souvenirs, tous ces morts oubliés qui dorment parmi eux.

C'est presque avec un sentiment de soulagement que nous voyons soudain la forêt s'entr'ouvrir et nos charrettes, cahotées sur les dalles antiques, s'avancer dans la longue avenue d'Angkor-Watt. Tout au fond, le temple dresse sa masse mystérieuse, qui se découpe d'une manière lugubre dans la nuit. Quelques lumières brillent dans le village des bonzes. Personne ne vient à notre rencontre; c'est en silence que nous nous installons, tant bien que mal, dans la « sala » des étrangers, où nos bagages arrivent progressivement et en désordre, au gré des conducteurs de chars, tandis que le repas du soir se prépare lentement, à un grand feu, sur le chemin.

Pendant que nous dînons, la lune s'est levée. Je propose d'en profiter pour faire une première visite aux ruines. Armée de torches, notre troupe s'engage sous les portiques sombres, monte les escaliers noirs où des nuées de chauves-souris, troublées par la lumière, s'envolent avec des cris stridents. Il règne une odeur écœurante et fade, celle de tous ces animaux qui nichent dans les décombres, celle aussi de la moisissure des âges, de l'humidité qui suinte aux parois des murailles, de toutes ces choses mortes qui pourrissent ensemble, vieux bois, mousses ou lichens. Sous l'éclat rougeâtre des résines qui flambent, nos silhouettes se profilent grotesques et changeantes, tandis qu'il nous vient un sentiment de terreur mystique des bas-reliefs entrevus, des figures grimaçantes tracées sur les murs et qui représentent des rois ou des danseuses, des guerriers, des bêtes, des supplices et des démons.

Voici d'abord les cours intérieures, où de petits édifices démantelés surgissent d'une végétation parasite, où des statues écroulées, des lions de granit, des monstres fabuleux dorment, à demi recouverts d'un manteau de verdure. Puis ce sont d'énormes escaliers tout droits, roides comme des échelles, qui gravissent, à ciel ouvert, le massif central du monument. Nous nous y engageons, à la lueur blanche de la lune, glissant sur les marches usées, nous accrochant à des parapets chancelants, à des assises branlantes qu'un rien peut faire crouler. Les contours imprécis des corniches et des frises, les ombres noires qui s'allongent sous cette lumière nocturne, donnent des impressions d'étrangeté et d'effroi. On dirait des pygmées lancés à la conquête d'un monde interdit, d'où quelque bête inconnue, quelque dieu formidable peut venir tout à coup les chasser. Et nous sommes silencieux, savourant, sans nous la communiquer, la poésie qui monte à nos cerveaux de ce chaos de pierre, de ces restes évocateurs d'un ténébreux passé.

Enfin nous atteignons le sommet. Devant nous, tout autour de nous, c'est un amoncellement incompréhensible de blocs écroulés, de toits, de colonnes, de voûtes et de dômes. Le ciel est d'un blanc laiteux. A perte de vue, étincellent des arêtes de granit, qui surgissent éclatantes d'obscurités insondables et vagues. Au delà, c'est la forêt, l'immense forêt sinistre qu'on découvre à peine à cette heure, mais qu'on sent, qu'on devine, comme, sur un rivage, on peut, même sans le voir, deviner l'Océan. Mer immense, en effet, mer de verdure et d'ombre, peuplée de bêtes sauvages et de peuplades clairsemées, qui s'étend, au sud, jusqu'au golfe de Siam, au nord, presque indéfiniment, jusqu'aux confins du Laos, de la Chine et du Thibet. Que couvre-t-il de son manteau de feuillage, que défend-il par ses fauves et par ses fièvres, ce désert boisé que peu de voyageurs ont parcouru? Ne cache-t-il pas encore, dans quelque coin perdu, des temples et des villes, des monuments sublimes, restes chancelants et grandioses de peuples disparus?

Mais voici que là-bas, très loin au-dessous de nous, dans les cases de bambou où ils vivent, des bonzes se sont mis à prier. C'est une litanie monotone, une psalmodie indéfinie et lente qui monte incessamment vers le ciel et dont le vent chaud de la nuit nous apporte l'inlassable écho. Prière qu'on sent être une plainte poussée vers le Créateur pour les misères humaines, pour les besoins, pour les douleurs, pour les maladies, pour les désespoirs, pour les deuils, pour les innombrables maux qui assaillent les hommes, en quelque pays qu'ils vivent ou qu'ils meurent. Et je songe qu'il y a mille ans, quand ces temples étincelaient de bronze et d'or, que ces parvis étaient gardés par des guerriers et des prêtres sans nombre, des voix analogues proféraient sans doute, dans la nuit, les mêmes prières et les mêmes plaintes. Je songe qu'il y a plus longtemps encore, quelques milliers d'années auparavant, quand l'homme, sortant des cavernes, commença, par familles et par peuplades, à parcourir la terre pour reconnaître son domaine, il y avait déjà des misères et des souffrances, qu'il y avait l'amour et la mort, et que des voix devaient s'élever dans le silence pour implorer la pitié. Je perçois, avec cette netteté de sentiment que donne seule parfois une impression très vive, que, malgré toutes nos discussions et nos erreurs, nos philosophies et nos religions, tous, depuis le chrétien agenouillé dans nos cathédrales, depuis l'Arabe priant, les bras en croix, dans les sables du désert, jusqu'au sauvage dansant devant ses fétiches et au Chinois brûlant des bâtons d'encens sur l'autel des ancêtres, tous nous n'avons qu'un sentiment commun, c'est une invincible espérance! Il devait être réservé à notre génération de s'attaquer même à cela. Mais que les partisans du néant fassent donc le voyage; qu'ils montent, un soir d'été, au sommet des vieux temples; qu'ils écoutent les bonzes psalmodier dans la nuit. Et ils comprendront que leur besogne est vaine, qu'ils se heurtent au sentiment inconscient de l'humanité tout entière, et qu'il n'est pas plus en leur puissance de la priver de son suprême espoir que de détruire l'amour des mères ou le parfum des fleurs.

Au matin, le soleil se lève gaiement au-dessus de la forêt prochaine. Sur la longue avenue dallée qui mène au temple, c'est un va-et-vient incessant de bonzes chargés de besaces pour aller quêter dans les villages, de coolies portant de l'eau dans des bambous creux, de voyageurs, de pèlerins. Les petits bœufs qui ont amené nos chars errent à l'aventure dans l'enceinte, secouant leurs clochettes de bois. Ils s'arrêtent sous des portiques branlants, au pied de colonnes brisées et, indifférents à ces traces d'un passé mystérieux, paissent paisiblement les fougères et les lianes. De temps à autre, d'une des cases qu'habitent les prêtres, une prière s'élève encore, chantée d'une façon traînante avec une voix nasillarde. Puis cela s'arrête brusquement sans qu'on sache pourquoi. Et nous nous sentons loin, effroyablement loin, presque exilés dans ce paysage grandiose et dans cette vie simple que notre présence insolite ne semble point troubler.

La pensée, comme par une hantise, se reporte toujours en arrière. Oh! savoir quelque chose de ce qui s'est passé là, quelque chose de l'histoire de ces peuples disparus, de ces villes puissantes aujourd'hui désertes, quelque chose de leur vie et de leur mort. Mais tout cela est impénétrable. Les légendes sont silencieuses, la tradition est muette. Ces ruines superbes resteront une énigme jusqu'au jour où elles disparaîtront à leur tour, vaincues, dans leur lutte inégale, contre la nature et le temps.

Les larges fossés pleins d'eau qui entourent Angkor-Watt l'ont sauvé de la dévastation en dressant une barrière à l'envahissement de la forêt. Le reste de la ville, perdu sous les grands arbres, ne présente plus qu'un amas de pierres disjointes où il est parfois difficile de reconnaître le plan primitif des monuments. Il y avait cependant des temples immenses, des portes monumentales, des palais somptueux. La végétation a recouvert tout cela. Les arbres ont brisé les colonnes, fendu les corniches, troué les dômes. Après avoir détruit, ils soutiennent, et on voit des pans de murs, dont les racines ont rompu la base, s'appuyer aux troncs puissants de leurs vainqueurs pour ne s'écrouler définitivement que lorsqu'ils tomberont à leur tour. Il se dégage de cette ensemble de ruines et de plantes, de cet enchevêtrement de pierres énormes et d'arbres géants, une poésie intraduisible qui vous pénètre, vous enivre, vous transporte tout éveillé dans le domaine incohérent des rêves. On est saisi de respect et de crainte; on erre silencieux au milieu des bas-reliefs et des lianes, frôlant de vieilles choses vermoulues qui tremblent, parcourant à tâtons des corridors obscurs, fouillant du regard des coins sombres, des trous noirs, où il n'y a rien sans doute, mais où l'on craint de réveiller peut-être une âme endormie. Et partout, au milieu des décombres et des arbres, sur des blocs brisés et des statues qui chancellent, se retrouvent la tête de Bouddha avec son mystérieux sourire : sourire figé, sourire éternel, qui a vu se succéder les générations, qui a connu la prospérité et la ruine, et qui, dans ce chaos bizarre, sous cette futaie silencieuse et déserte, devient d'une poignante philosophie.

Longtemps nous errons dans l'immense forêt par d'étroits sentiers où un guide nous mène. Mais il faudrait parcourir tout le pays, tant cette terre est couverte de ruines éparses sous les grands arbres. Ici, c'est un mur de granit où se suivent, sculptés en bas-reliefs, des éléphants de grandeur naturelle. Plus loin, c'est une statue, portrait d'un roi, sans doute, qui, accroupi, semble rêver. La piété des indigènes en dut faire quelque dieu, car ils ont élevé un léger toit de chaume pour la protéger des intempéries. Voici un autre monument, aux proportions colossales, couvert en entier de broussailles et de troncs énormes poussés, on ne sait comment, parmi les pierres. On monte de longs escaliers aux marches verdâtres, rendues glissantes par l'humidité et la mousse; puis ce sont des portiques, des pièces étroites et obscures, des couloirs et des caveaux. Qu'était-ce que tout cela? Un palais sans doute. Dans la langue du pays on l'appelle le palais de la Reine. D'où vient cette tradition. Nul ne le sait. Qu'importe, s'il me plaît d'y croire? J'aime à penser que, il y a mille ans, une femme aux grands yeux noirs et aux gestes hiératiques, comme ceux que représentent les sculptures, vivait entourée de serviteurs, de prêtres et de guerriers, à l'ombre de ces murs. Devant elle on ne se présentait qu'à genoux. Sa robe était couverte de perles, de diamants, de rubis. A ses pieds nus, quand elle marchait, sonnaient des anneaux précieux. Des esclaves craintifs agitaient autour d'elle de blancs éventails de plumes pendant que, dans des cassolettes d'or, brûlaient, avec une fumée odorante, des pastilles d'encens. Elle était toute puissante et belle, amoureuse et sauvage, peut-être cruelle. Parfois, au coucher du soleil, elle montait solitaire sur la terrasse de son palais ; fatiguée de la chaleur du jour, rêveuse et lascive, elle s'étendait demi-nue sous le ciel étoilé, pour que les rayons de lune vinssent caresser son corps, mêlés aux parfums du soir et à l'air plus frais de la nuit.

Ainsi, tout en marchant, des contes me reviennent qui ont bercé mon enfance. Je me croirais volontiers dans un pays enchanté. J'espère que ce silence n'est qu'un grand sommeil, que le réveil va sonner pour ce peuple mort, et qu'au coin d'une ruine, sur un lit de feuillage, j'apercevrai, vivante encore, la Belle au Bois dormant.

CHAPITRE XI

JAVA

BATAVIA

30 juillet.

Le port de Batavia est situé à environ vingt minutes de chemin de fer de la ville. Il a nom Tanjock-Priok. Exposé aux émanations marécageuses de la côte très basse qui l'entoure, et où pousse un inextricable fouillis de palétuviers et de palmiers d'eau, il passe pour malsain. La chaleur y est accablante, lourde et humide, même en cette saison qui est cependant l'hiver du pays.

Batavia, que tant de voyageurs ont dépeint comme la cité la plus enchanteresse de tout l'Extrême-Orient, m'a causé une désillusion. C'est une grande ville sillonnée de chemins de fer, de tramways et de canaux. Les maisons, basses et sans caractère, y sont entourées de jardins verdoyants, mais plantés sans goût. Cela donne l'impression moins d'une capitale que d'une station balnéaire où il y aurait une multitude de villas pour les petites bourses. Tout amour-propre national mis à part, Batavia est, au point de vue extérieur, très inférieur à Saïgon.

A peine débarqué, on commence à souffrir de la manie tracassière et tâtillonne de la bureaucratie hollandaise. Il faut un passeport pour descendre à terre, un autre pour séjourner dans l'intérieur, une autorisation spéciale pour emporter ses fusils. Il faut déclarer d'où l'on vient, où l'on va, combien de temps on compte rester et ce que l'on veut faire. Et ces formalités insupportables sont accomplies avec une lenteur et une lourdeur toutes néerlandaises. On dirait que ces gros marchands d'Amsterdam craignent qu'on ne vole leur île ou qu'on ne subtilise les procédés — d'ailleurs remarquables — de leur colonisation.

∴

En une heure un quart d'express on se rend de Batavia à Buitenzorg. La voie s'élève peu à peu en zigzaguant à travers un pays superbement cultivé, au milieu d'une végétation dont la vigueur et la puissance dépassent tout ce que j'ai vu dans d'autres contrées tropicales. On sent qu'il y a un excès de chaleur, d'humidité et de sève, que la terre enfante non seulement avec facilité, mais avec fureur, dans une sorte de rage créatrice, et que si l'homme suspendait un moment la lutte acharnée qu'il a entreprise pour maîtriser et endiguer la nature, ses cultures, ses travaux, ses chemins de fer, ses canaux et ses villes disparaîtraient, ensevelis à jamais sous un linceul de plantes. Cette île de volcans, où la chaleur souterraine s'allie aux ardeurs du soleil pour créer le milieu le plus propre à la génération des êtres, semble représenter à notre époque un dernier vestige des temps préhistoriques, de ceux où la surface du globe, mince couche à peine solidifiée, bouillonnaient encore sous l'action des feux intérieurs, et produisait à la fois des forêts fabuleuses et des animaux montrueux.

Malheureusement nous sommes blasés. A la longue, les sensations s'émoussent. J'ai déjà vu, dans ma vie errante, tant d'arbres géants, tant de palmiers, de fougères et de lianes, que je contemple cette magnifique végétation d'un œil paisible, un peu comme les naturels qui nichent sous ces branches. Pour accorder à ce paysage le tribut d'admiration qu'il mérite, pour bien ressentir le sentiment de surprise et presque d'effroi qu'une telle débauche de la nature doit causer à une âme du Nord, il faudrait être le voyageur arrivé directement d'Europe sans arrêt à d'autres escales. Alors on éprouverait au centuple l'impression que tant de touristes ont rapportée de Ceylan, dont cependant les verdures ici sembleraient mièvres et les arbres rabougris.

Buitenzorg est moins encore une ville que Batavia. Les maisons y sont distribuées au hasard, à de grandes distances les unes des autres, au milieu de jardins. Les environs sont ravissants. Les hautes cimes des volcans ferment l'horizon de tous côtés. On circule sur de petites routes ombragées, avec des visions de vallons cultivés, de villages accrochés aux montagnes, de torrents qui mugissent au fond des gorges sombres. On monte, on descend, on roule à fond de train, au galop des petits chevaux du pays. Tout le long du chemin, ce sont des indigènes vêtus de couleurs voyantes, chargés de fardeaux fixés à des bambous; des mères de famille qui portent un enfant en bandoulière; des jeunes filles toutes nues au bord de fontaines claires où elles se baignent en riant.

Rien d'animé comme cette campagne javanaise, où la population surabonde et où chacun, tout en ayant l'air de faire quelque chose, semble goûter de nombreux loisirs. Heureux peuples à qui la Hollande a apporté de force, en même temps que la paix, le travail dont ils se trouvent bien, alors que leur instinct les incitait plutôt à dormir tout le jour à l'ombre de leurs cases, en vivant de bananes et d'eau claire fournies gratuitement par la nature.

Il s'est trouvé cependant des auteurs pour reprocher aux Hollandais l'absolutisme de leur domination, le labeur en quelque sorte obligatoire qu'ils imposent à tous, l'esclavage relatif dans lequel ils maintiennent les indigènes. Cela est évidemment contraire aux théories du *Contrat social* et aux billevesées libertaires de colonisateurs en chambre. Mais cela devient logique, si l'on songe que tous les peuples ne sont pas également prêts pour la liberté, que certaines nations d'Europe prouvent journellement qu'elles ne le sont point encore, et que les races ont une enfance et une adolescence comme les hommes. Dans ces pays où il est si facile de vivre sans travailler, l'indépendance individuelle conduit à l'oisiveté universelle, et de là, par une pente fatale, à la déchéance et à l'abrutissement. Sous un régime autoritaire, la population de Java s'est accrue dans d'incroyables proportions et, si la richesse a augmenté en même temps, les bénéfices n'en ont pas été exclusivement pour les conquérants. Ce système a le mérite de dédaigner l'hypocrisie. Il vaut bien, après tout, celui des Anglais civilisant à coups de canon, enseignant la fraternité avec des balles dum-dum et, la trique à la main, imposant la liberté.

Buitenzorg est célèbre par son jardin botanique qui passe pour le plus beau du monde. C'est un parc immense et merveilleusement tenu. Par malheur, seul un naturaliste de profession pourrait l'apprécier complètement et s'intéresser aux milliers d'espèces qu'il renferme, à l'admirable réunion qu'on y trouve des plantes tropicales du monde entier. Pour le vulgaire voyageur que je suis, il laisse un souvenir charmant par ses allées de vieux arbres couverts d'orchidées et de lianes, ses pentes ombreuses, ses pièces d'eau semées de gigantesques lotus, sa variété infinie de palmiers, de bambous, de fougères et de fleurs. C'est au milieu même de ce parc, dans un enclos séparé, que se trouve le palais du gouverneur, vilaine bâtisse blanche, large et lourde comme un Hollandais.

Mais on y arrive par une avenue de banians colossaux qui est, je crois, unique au monde. Tout autour, sur de grandes pelouses vertes, de petits cerfs errent en liberté, s'approchent curieusement pour flairer les intrus. Et cela distrait un peu et fait oublier l'abominable chose que l'industrie humaine est venue construire au milieu des pures merveilles de la nature.

∴

Un matin, dès l'aube, nous prenons le train pour Garoet. La voie s'élève de plus en plus dans les montagnes et le paysage est ravissant. L'infinie variété des panoramas ne laisse prise ni à la fatigue ni à l'ennui. Ce sont des plaines, des cols escarpés, des gorges obscures, des rizières et des forêts. L'ensemble est très peuplé, très cultivé, prodigieusement riche. Vers quatre heures du soir, nous sommes à Garoet, installés dans un drôle de petit hôtel où chacun a son pavillon séparé, ses bosquets, son jardin. La température est délicieuse ; 25 à 26° ! Nous respirons avec délices.

Au fond de la plaine où nous nous trouvons

s'élève le célèbre volcan de Papanajan. On y parvient en quatre heures; la moitié du trajet s'accomplit en voiture, et le reste à cheval. La première partie de l'excursion se fait à l'ombre d'une des plus belles forêts qui soient au monde. Des arbres immenses, de toutes les sortes et de toutes les couleurs, car il y en a de gris comme des oliviers, de blancs, de rouges, se mêlent aux lianes, aux orchidées et à des fougères surprenantes, hautes de 10 pieds, dont le feuillage frêle et dentelé s'incline avec une inexprimable grâce. On monte, on grimpe sans chaleur, sous cette voûte admirable à travers laquelle pas un rayon de soleil ne pénètre; on rencontre des cascades et des torrents. Et il vient des envies de s'étendre sous cette ombre fraiche, de goûter dans le grand silence du jour un repos alangui.

Mais voici que l'aspect change; la végétation devient rabougrie, puis cesse tout à fait. Une forte odeur de soufre se répand dans l'air. Maintenant, c'est au milieu de laves et rocs abrupts que s'effectue l'ascension, pendant que, au-dessous, la mer de verdure étincelle et qu'au loin, les plaines fertiles semées de rizières et de bouquets de palmiers se perdent et s'estompent dans la chaude buée du jour. Enfin on arrive à un immense cirque, aux parois à pic, qui est le cratère du volcan. Lors de la dernière convulsion du monstre, une montagne entière a dû tomber dans ce gouffre et le combler en partie. Mais les feux ne sont pas éteints, et la chaudière bout encore. Le sol est uniformément jaune, d'un jaune aveuglant. Des jets de vapeurs empestées giclent de tous côtés avec une extraordinaire violence, déposant sur tout ce qu'elles touchent la fleur du soufre cristallisé. En certains endroits, la température est telle que le sol semble avoir fondu en laissant des places noires et tourmentées comme des pustules. Nous errons dans ce chaos au milieu des senteurs asphyxiantes qui nous prennent à la gorge. Mais nous n'y restons pas longtemps. C'est une vraie image de l'enfer. Retournons au plus vite sur nos pas; retournons dans la forêt délicieuse où poussent des fougères et des fleurs. Elle nous donnera l'impression consolante du Paradis retrouvé.

∴

La route de Garoet à Maos est plus pittoresque encore que celle de Buitenzorg à Garoet. On continue d'abord à cheminer dans les montagnes. De la ligne, très élevée à cet endroit, on découvre une immense étendue de plaines cultivées où des petits villages sont perdus, comme enfouis, sous un dôme de palmiers, de bananiers et de bambous. Puis ce sont encore des ravins profonds où roulent des torrents, avec de grands arbres penchés au-dessus et un enchevêtrement inextricable de fleurs et de lianes. Sur le tard, la voie redescend au niveau de la mer.

Alors, pendant les deux dernières heures avant d'atteindre Maos, le train court dans une plaine déserte couverte de forêts et de marécages. Des flaques d'eau sombres paraissent entre des joncs démesurés. Des bouffées de miasmes empestés montent du sol, pénètrent dans les wagons avec des moustiques et mille insectes divers. La nuit vient peu à peu; des lucioles volent à travers les branches ou au ras des marais. Les arbres, les feuilles, les eaux, prennent des aspects effrayants, et le grand clair de lune des tropiques illumine cette contrée sinistre, produit des ombres monstrueuses, fait étinceler les étangs et les flaques bourbeuses où les rhinocéros vont se vautrer sans doute et où le tigre vient boire quand il a dévoré sa proie. C'est une région qu'il faut traverser à la hâte, et regarder par les fenêtres d'un train express, car elle est mortelle pour les indigènes mêmes, tant sont violents les miasmes qui s'en dégagent, tant y règnent en souveraines la dysenterie et la malaria.

∴

8 août.

Nous voici sur le territoire du sultan de Djocja. Les montagnes apparaissent seulement au loin, profilant dans le ciel leur dentelure bleuâtre. Nous traversons des plaines où alternent et se succèdent les différentes cultures du pays, riz, canne à sucre, indigo, tabac. La contrée est toujours aussi peuplée. D'interminables villages défilent devant nous, abrités sous des palmiers, avec un flot de gens qui circulent, qui portent des fardeaux, qui travaillent, qui encombrent les marchés en plein vent où flottent des étoffes claires, où se débitent des boissons, des fruits et des vêtements. Des femmes, les seins nus, se promènent sur les talus des rizières, leur dernier-né dans le dos, et des hommes, coiffés d'un turban, un kriss à la ceinture, vont et viennent de tous côtés.

Djocja comprend une grande ville commerçante, avec de larges avenues bordées d'arbres, et une cité royale qui contient le palais et une population de plus de 15.000 âmes. On trouve ici le type javanais pur, bien plus fin et plus joli que le type malais. Les rues sont animées. Voici un prince à cheval, vêtu de draperies sombres avec, à son turban, une aigrette en diamants. Il est jeune, monte un beau cheval, et il est suivi de cinquante cavaliers armés de kriss dont les vêtements flottent au vent. Ici, c'est un dignitaire de la cour, assis dans le fond d'une voiture avec deux femmes assez jolies et parées, immobiles sur la banquette du devant. Le cocher est coiffé d'une sorte de haut-de-forme à large bande d'or et, derrière, se tiennent debout deux serviteurs qui portent de grands parasols ouvragés.

Par l'intermédiaire du résident, nous avons obtenu une audience du sultan. Nous nous y rendons à dix heures du matin, accompagnés d'un capitaine hollandais qui doit servir d'interprète.

Après avoir traversé plusieurs cours, on pénètre dans une vaste salle, sorte de hangar dallé de marbre avec un plafond en bois sculpté. Dans le fond, sur deux canapés rouges, le sultan et la sultane sont assis. Perpendiculairement et debout devant leurs fauteuils, il y a quatre petites princesses, très gentilles ma foi, vêtues identiquement d'un « sarran[1] » marron et d'une casaque noire. Elles ont, sur la poitrine, trois broches en diamants et de gros brillants aux oreilles. Le sultan porte une énorme broche et des bagues à tous les doigts. Pas de pierres de couleur : rien que des diamants.

Présentations et salutations. Nous défilons devant toute la famille, serrant d'un air pénétré les petites mains chocolat. Puis, M. de B... ayant pris place sur le canapé du sultan et Mme de B... sur celui de la sultane, nous nous installons dans des fauteuils, en face des petites princesses immobiles et figées. La visite est commencée. Elle débute par un long et magistral silence. De temps en temps, M. de B... prononce une phrase correcte sur la beauté du pays. Le capitaine traduit. Le sultan sourit et répond quelque chose de vague et d'obligeant. — Mais voici des serviteurs qui arrivent, marchant sur leurs genoux, avec des plateaux d'argent et du thé. Après beaucoup de prosternements, ils nous distribuent à chacun une tasse. Le thé est froid et très mauvais : nous le buvons consciencieusement.

1. Vêtement national composé d'une longue pièce d'étoffe qui se roule en jupe autour des hanches. Est porté également par les hommes et par les femmes.

Tout de même cela a un peu rompu la glace. La conversation reprend, plus animée, quoique coupée encore de pénibles intervalles. Mme de B... demande à la sultane : « Combien avez-vous d'enfants ? — Quatorze. — Mâtin ! — Et vous ? — Quatre. — Oh ! que c'est peu ! — Je ne trouve pas. » — M. de B... veut poser la même question au sultan. Lui se tord de rire. Il n'en sait rien. Quatre-vingts ou cent à peu près. — Puis on parle de bijoux. On fait des compliments sur le palais. Il paraît que tout ce qu'on dit est très grotesque. Les petites princesses répriment avec peine une forte envie de rire. Alors, nous qui sommes en face, à voir leurs mines de chattes égayées, nous rions tout à fait. Mais c'est contagieux ; les voilà parties : elles rient tant qu'elles peuvent. Et le sultan, qui ne comprend pas, rit aussi. C'est charmant !

Tout a une fin. L'ordre se rétablit. Nous reprenons peu à peu un sérieux plus conforme au protocole international. Maintenant arrive, pour la seconde fois, une théorie de serviteurs avec des bouteilles et des verres. Ils approchent lentement. Crac ! les voilà tous à genoux qui avancent en rampant. Et alors il nous faut boire des choses fraîches, des sodas, des limonades, des sirops de rose et de tamarin. Cependant qu'un autre esclave — à moins que ce ne soit un prince — nous offre des cigares qu'on allume à une longue mèche parfumée.

L'audience est terminée. Quelques phrases agréables encore sur la réception qu'on nous a faite, quelques souhaits obligeants pour la continuation de notre voyage, et de nouveau, avec le même cérémonial qu'à l'arrivée, nous serrons les petites mains et repartons dans de grands saluts, pendant que les suivantes, les danseuses, les concubines, toute la femellerie du palais, accroupie sur les terrasses ou derrière les bosquets, se soulève curieusement pour nous regarder.

∴

C'est près de Djocja que se trouve le fameux temple de Boeroeboedoer. Nous partons un matin dans deux voitures à quatre chevaux qui vont très vite, presque toujours au galop. Le cocher excite ces bêtes en faisant incessamment claquer une grande chambrière. Un coureur, debout derrière la voiture et armé d'un petit fouet, court parfois jusqu'aux chevaux de volée et pousse le reste du temps, pour les animer sans doute, un cri continu et strident. Le trajet se fait en trois heures. La route plate et ombragée semble ne jamais sortir d'une succession ininterrompue de villages, dont les maisons basses disparaissent sous les cocotiers et les bambous. Toujours la même foule bariolée et active qui dévale le long du chemin et qui parfois se précipite à genoux dans les fossés, en nous tournant le dos, pour nous témoigner son respect.

Peu à peu nous nous rapprochons d'une chaîne de montagnes dont les sommets aigus et décharnés ont des aspects bizarres de dents, de griffes et de cornes. C'est au pied de ces monts que se dressent les ruines. Enfin, à un tournant du chemin, nous nous trouvons face à face avec l'énorme masse du vieux temple.

Notre premier sentiment est une déception. On m'avait tellement dit que Boeroeboedoer pouvait rivaliser avec Angkor que je demeure stupide. De fait il faut être aveugle ou avoir l'amour-propre javanais singulièrement développé pour mettre en parallèle deux monuments si dissemblables. Rien ici de la splendide conception du fameux temple Khmer, de la perspective grandiose de l'avenue qui y mène, de l'échelonnement savant des galeries et des tours, de tout cet art, en quelque sorte européen, qui fait qu'Angkor-Watt aurait pu être conçu par un Mansard génial. Boerocboedoer est, au contraire, un type très pur de ce style hindou dans lequel l'effet général est sacrifié au détail, l'ensemble au particulier. Ces sortes d'édifices demandent à être regardés pierre par pierre. Alors on y découvre des choses charmantes, des ornementations ingénieuses, des sculptures compliquées et naïves. Mais tout cela est individuel, n'est relié que par la juxtaposition, ne concourt pas, dans une mesure déterminée, à un résultat général. Il y manque ce que nous cherchons toujours malgré nous, avec nos cerveaux nourris de l'art grec, le plus logique des arts, le « pourquoi », la raison d'être de chaque partie au point de vue du tout.

A Angkor, l'ornementation est merveilleusement comprise. Elle est simple dans sa richesse. Quelques points isolés et importants, comme des dessus de portes, sont seuls couverts de hauts-reliefs. Aux chapiteaux des colonnes, aux frises des murailles, aux bordures des toits, on a tracé des arabesques légères, dentelles de granit qui parent l'édifice, mais qui n'immobilisent pas les regards et qu'on ne considère que lorsque l'esprit a déjà été frappé et ému par les grandes lignes de l'architecture. Ici c'est un chaos. Dans le dédale des pierres amoncelées, l'œil est attiré par les innombrables statues dont le monument est hérissé, par les sculptures dont il est couvert, par les clochers ajourés qui le surmontent. Cela est si vrai qu'il faut plusieurs instants pour percevoir la forme générale du temple, quelque enfantine qu'en soit la conception : une pyramide carrée à la base, venant aboutir à la cloche ronde qu'est la dagoba finale. Comme architecture, cela a la beauté d'un mur de musée dont on ne peut dire qu'il soit beau, fût-il tapissé de chefs-d'œuvre.

Toutefois, si je ne puis aimer cette masse dont l'unité ne suffit pas, selon moi, à compenser la lourdeur, je dois payer mon tribut d'admiration aux détails qui sont charmants. Le temple comprend dix étages. On monte de l'un à l'autre au milieu de chaque face par un étroit escalier. Les sept premiers sont exactement carrés comme la base. Les trois derniers vont du carré au cercle parfait qu'est le sommet, en passant par des ellipses de plus en plus arrondies. Les assises supérieures sont ornées, tout du long, de cloches de pierre à jour contenant chacune une statue. Quant aux galeries inférieures, elles sont recouvertes, sur leurs deux faces et sur tout le pourtour, de bas-reliefs d'une exécution remarquable. On y voit des scènes de la légende brahmanique qui semblent avoir peu de liaison entre elles, mais dont les parties bien conservées méritent un long examen, pour le mouvement, l'expression, et le fini de l'exécution. La photographie seule arrive à donner l'idée d'un art qu'il serait illusoire de vouloir décrire.

Tout le pays aux environs de Djocja est semé de ruines datant de la même époque, c'est-à-dire de la domination hindoue à Java. Toutes présentent, à peu près, les mêmes caractères, les mêmes beautés et les mêmes défauts. C'est pour le touriste une visite intéressante et, pour l'archéologue, une mine inépuisable de documents.

∴

12 août.

Nous sommes arrivés hier à Solo ou Sourakarta, résidence du plus puissant empereur du Java, dit indépendant. Sa Majesté est en voyage et ne nous recevra que le 14 ou le 15. Nous avons donc quelques jours de loisir à passer dans ses États. Cela n'a rien de pénible, car la température est très supportable et la ville intéressante à visiter.

Il y a à Solo, comme dans presque toutes les cités javanaises, un nombre considérable de Chinois. Ils sont sous la direction d'un des leurs, gros seigneur puissamment riche, à qui le Gouvernement Hollandais, — pour faciliter son administration, — reconnait une autorité analogue à celle d'un maire ou d'un préfet. Nous allons un soir rendre visite à cet important fonctionnaire. Il occupe une luxueuse maison meublée moitié à la chinoise, moitié à l'européenne. Grande galerie en bois sculpté, avec des tentures du Japon, des étoffes d'Orient, des tapis moelleux, des vitrines remplies d'objets d'art chinois, japonais ou hindous; des chambres à coucher avec des lits immenses aux moustiquaires de dentelle ; des cabinets avec des ustensiles de toilette en argent, en vermeil ou en or. Nous sommes reçus sur le pas de la porte par sa femme et sa fille vêtues de costumes de soie brodés. Les boutons sont en pierres précieuses, et ces dames portent aux doigts deux ou trois diamants gros comme des bouchons de carafe. On nous offre du champagne frappé dans des coupes de cristal; nous nous séparons dans les meilleurs termes.

Tout cela représente une certaine aisance. On attribue à notre ami une fortune de 30 millions de florins (un peu plus de 60 millions de francs). Et il paraît qu'il n'est pas le plus riche de Java ! Voilà qui nous change des Chinois de Chine, et particulièrement des Boxeurs. Il est vrai que, si les Boxeurs étaient tous millionnaires, ils auraient moins de plaisir à incendier et à piller. Et voilà comment, même aux Antipodes, on se trouve en présence de la question sociale et de la difficulté, — les rentiers étant seuls paisibles, — de faire de tous les humains des rentiers.

La réception du sultan eut lieu quelques jours après avec un cérémonial analogue à celle de Djocja. On nous exhiba en plus des danses javanaises exécutées par le corps de ballet de Sa Majesté. C'est très remarquable comme ensemble et comme précision, mais excessivement monotone. Il n'y a du reste que des différences de détail et de costume entre ces danses et celles des bayadères de l'Inde ou des Cambodgiennes de Norodom. Pour un Européen, une fois le premier mouvement de curiosité satisfait, le sentiment qu'elles dégagent est un inexprimable ennui.

En échange, nous ne sommes nullement las de cette île où il y aurait encore tant de choses à visiter. Mais le temps a marché, et le moment est venu de songer définitivement au retour. Le 15, nous nous rembarquons à Samarang. Nous franchissons le détroit de la Sonde en passant à quelques encâblures des restes du Krakatoa, ce volcan fameux, isolé dans les flots, dont l'explosion, il y a quelques années, est le plus formidable phénomène de ce genre survenu dans les temps modernes. De suite, nous trouvons les alizés qui soufflent avec violence, et la grosse houle du sud qui nous emprisonne dans ces sombres montagnes couronnées d'écume, pour ne plus nous lâcher qu'aux Seichelles.

CHAPITRE XII

SUR LA ROUTE DU RETOUR

ILE DIEGO GARCIA

Dix jours de traversée sans une terre ou une voile en vue. Enfin on signale un îlot très bas et très vert, entouré de récifs de corail où l'Océan brise avec rage : c'est l'île Garcia, un point perdu dans l'immensité des mers, par 10° de latitude sud, entre l'Australie et Ceylan.

Les animalcules, dont le travail lent et acharné constitue les bancs de coraux, se sont plu à exécuter ici une de leurs œuvres les plus curieuses. Cette île, qu'ils ont entièrement bâtie, affecte la forme d'une bague dans laquelle n'est creusée qu'une étroite ouverture. Elle enserre une baie immense et elle est si mince par endroits que la grande houle du large la franchit, aux jours de tempête, pour venir troubler de ces flocons d'écume les eaux calmes qu'elle renferme. — Un jour, des navigateurs de passage y plantèrent des cocotiers. Ils y prospérèrent de telle sorte qu'elle en est aujourd'hui couverte. Ces arbres sont exploités par une Compagnie de l'île Maurice, qui entretient quelques agents et envoie, une ou deux fois l'an, un voilier pour recueillir l'huile.

La population se compose de trois à quatre cents nègres et de cinq Européens. Quelle vie étrange mènent ces gens, séparés du reste du monde dont ils n'ont des nouvelles — bien vieilles elles-mêmes — que tous les six mois! Et toujours la contemplation de leur îlot avec sa verdure monotone, et de l'Océan infini où paraît de loin en loin un navire égaré qui ne s'arrête point!

On comprend l'événement qu'est notre arrivée pour la petite colonie. Un vaisseau, un vrai vaisseau, un vaisseau à vapeur, à l'ancre dans la baie! Quoiqu'il fasse nuit et que nous soyons très loin, n'ayant pas osé, dans ces parages dangereux, nous approcher des côtes, M. de C..., chef de l'exploitation, vient à notre rencontre, le soir même, dans son canot. Qui êtes-vous? D'où venez-vous? Telles sont ses premières questions. Et il nous les fait avec un si mauvais accent anglais que nous lui répondons en français. En effet,

M. de C... est français ou plutôt d'origine française. Il est né à l'île Maurice, d'une famille qui descend de ces cadets qui, sous Louis XIV et sous Louis XV, allèrent peupler nos colonies. Et, comme tous ses pareils, il a conservé intacts l'amour de la patrie perdue, sa langue et ses vieilles coutumes. Sujet anglais, de cœur il est resté des nôtres, et ce lui est une joie de plus, dans cette visite inattendue, de rencontrer des compatriotes. Quand, le lendemain, grâce à son pilotage, nous sommes venus mouiller en face de sa maison, il nous présente à toute sa famille, à sa femme, à ses belles-sœurs, à sa vieille mère qui a quatre-vingts ans. Et nous leur apprenons des choses surprenantes qu'ils ignorent encore, les défaites des Anglais au Transvaal, la guerre de Chine, la fin de l'affaire Dreyfus et les premiers hauts faits du ministère Waldeck-Rousseau.

Ces braves gens mettent la plus grande complaisance à nous faire visiter leur exploitation et leur domaine. Ils voudraient nous retenir par l'attrait d'une pêche dans la baie qui est un des endroits les plus poissonneux du monde. Mais nous sommes pressés. M. de B... est très souffrant; il faut nous hâter vers les Seichelles. Nous disons adieu à ces amis d'un jour, en leur souhaitant un bonheur qu'ils trouveront peut-être plus facilement dans le calme souverain où ils vivent que dans les agitations où il faut nous débattre, et bientôt le petit îlot de corail n'est plus qu'un point sombre à peine visible, qui s'enfonce et disparaît dans l'immensité des flots.

Plus d'un an après, nous avons reçu, pour chacun de nous, une de ces cannes que les nègres fabriquent avec le bois des cocotiers. Touchant souvenir et seul présent que pouvaient nous faire les ermites de l'île Garcia.

SEICHELLES

Il est, par le monde, peu de points de relâche qui soient aussi jolis d'aspect que Mahé des Seichelles. Une baie vaste et bien abritée, entourée d'îlots rocheux, et l'île principale couverte de verdure et de fleurs où la petite ville de Mahé se cache sous les grands arbres. La température, en cette saison, est délicieuse : 24 où 25°. C'est, comme l'île Maurice, une des colonies que nous avons perdues et que se sont appropriées nos amis les Anglais. Aux devantures des boutiques de vieux noms français s'étalent encore. Les nègres, qui forment la portion principale de la population, parlent un patois dégénéré de la langue du grand siècle, peu compréhensible, mais réjouissant.

L'état de santé, un moment assez grave, de M. de B..., nous obligea à un séjour de trois semaines à Mahé. Après avoir parcouru dans tous les sens la petite île uniformément jolie, mais dénuée d'intérêt, notre vie se concentra toute entière dans la pêche à la ligne. C'est avouer que j'ai peu de choses à en dire et que le jour où nous levâmes l'ancre fut considéré par tous comme un jour heureux.

Dès lors nous naviguons à toute vapeur sur le chemin du retour, nous arrêtant à Aden juste le temps nécessaire pour faire du charbon. Nous trouvons dans le sud de la mer Rouge une température accablante. Il semble, en cette saison où le soleil d'été a surchauffé les deux rives, qu'on passe à travers un four dont l'air est irrespirable. Heureusement, après deux jours, nous rencontrons des vents du nord qui rendent la fin de la traversée presque agréable.

Quelques heures de halte à Port-Saïd, où nous ressentons une première et pénible impression d'Europe, et nous voilà flottant de nouveau dans cette Méditerranée que nous retrouvons — après bien des mois — avec la satisfaction d'avoir réalisé nos rêves, avec le regret aussi que les espérances de jadis ne soient plus aujourd'hui que du passé. Ainsi la vie s'écoule en une poursuite sans fin. Chaque fois qu'un but est atteint, il s'en présente un autre plus désirable encore. Voyageur fatigué, pour toi il n'est point de port, point d'abri où tu puisses t'étendre pour dormir et te reposer. Reprends ton bâton, chausse tes sandales, secoue la poussière du chemin parcouru, tu dois marcher encore, marcher toujours vers l'insaisissable avenir. Du moins réjouis-toi si, t'asseyant pour songer sur le bord de la route, tu trouves dans ta vie des souvenirs sans douleur, des heures sans amertume où ta pensée se complait.

Toute une journée, nous longeons la Crète, dont les montagnes rouges et arides, neigeuses par endroits, se profilent nettement sur le bleu intense du ciel. Et cela me rappelle un coucher de soleil, vu autrefois dans ces parages, qui m'a causé la plus surprenante impression que j'aie éprouvée de ma vie. Nous glissions entre la Crète et la petite île de Gourko, sur une mer plate, sans rides, où notre sillage laissait jusqu'à l'infini de l'horizon une trace brillante et étroite comme celle d'un doigt passé sur du velours de soie. Il faisait un temps tiède et doux, sans une brise, sans un souffle. Les montagnes, un peu estompées de brume, prenaient des teintes violettes ou mauves à mesure que le jour baissait. L'île de Gourko était grise et rouge, de ce rouge de brique qu'on ne voit qu'en Orient. Et les flots participaient de toutes ces teintes, s'imprégnaient de tous ces reflets, étaient dorés, moirés, nacrés, gorge de pigeon ou roses. Derrière de gros nuages noirs, simulant des monts escarpés, le soleil disparut sanglant. Et, soudain, nous eûmes l'illusion de naviguer dans un lac irréel, infiniment calme et beau, environné de montagnes vraies et fausses, celles de Crète imprécises déjà et voilées, les autres nettes, heurtées, superbes, couronnées de glaciers qu'éclairaient les rayons invisibles du soleil. Prestigieux paysage dont le souvenir me hante et que je ne reverrai plus, fait de nuages qui passent, de nuances qui meurent, de feux qui s'éteignent, de rêves évanouis...

A bord, chacun semble inquiet, cherche la solitude, se laisse aller à ses pensées. C'est un beau voyage terminé, une période de la vie qui est close, un songe dont il faudra s'éveiller demain. Le navire résonne du bruit des caisses qu'on remue, des marteaux frappant sur les clous. Ce sont des gens affairés qui prennent des notes sur des calepins, des objets égarés qu'on ne peut retrouver, les derniers bibelots qu'on emballe et qui, plus tard, rappelleront le passé. Au moment de s'en séparer, tout vous devient ami, les hommes, les bêtes et les choses. On fait des pèlerinages dans le navire; on s'accoude une dernière fois aux bastingages; on s'asseoit à la place où, par les belles nuits tropicales, on a le plus souvent rêvé...

Voici que nous côtoyons la Sicile. Un moment, nous apercevons, dans le détroit, les feux opposés de Messine et de Reggio, les réverbères alignés des quais. Puis, de nouveau, c'est la nuit, le silence, la mer calme où nous glissons.

Nous sommes tout près. Dans quelques heures, nous toucherons cette terre de France, quittée depuis un an. Long espace pour bien des affections, pour bien des amitiés, pour bien des amours. Trouverons-nous tout, les hommes et les choses, les esprits et les cœurs, tels que nous les avons laissés? Nous-mêmes n'avons-nous pas changé? Ne sommes-nous pas des étrangers, des Chinois, des barbares, qu'on ne connait plus, qu'on a presque oubliés? Ah! pourquoi revenir avec, au fond du cœur, cette idée insensée de recommencer ce qui n'est plus, de ranimer ce qui est mort? Pourquoi revenir, s'il n'y avait pas, là-bas, une mère qui attend et qui pleure à son foyer déserté, une mère qui n'a pas varié, dont l'amour est toujours aussi tendre et dont les lèvres sont toujours prêtes pour le pardon et le baiser.

Pourtant, à cette heure où chaque tour d'hélice me rapproche de tout ce que j'aime, j'éprouve un indicible effroi. Je prévois avec une effrayante netteté les ennuis, les difficultés, les désillusions, les douleurs, tout le lourd bagage de la vie déposé un moment et qu'il faut reprendre, pénible harnais qui entame la peau. Et, penché sur ces eaux transparentes dont la large houle me berce encore, je songe, malgré moi, en ce jour de retour, au temps proche ou lointain du départ suprême, du grand voyage qui ne doit point finir.....

DESACIDIFIÉ
à SABLE : 1994

TOURS, IMPRIMERIE DESLIS FRÈRES, 6, RUE GAMBETTA.

www.ingramcontent.com/pod-product-compliance
Ingram Content Group UK Ltd.
Pitfield, Milton Keynes, MK11 3LW, UK
UKHW020313230726
13925UKWH00002B/380

9 782013 365345